BestMasters

Mit **„BestMasters"** zeichnet Springer die besten Masterarbeiten aus, die an renommierten Hochschulen in Deutschland, Österreich und der Schweiz entstanden sind. Die mit Höchstnote ausgezeichneten Arbeiten wurden durch Gutachter zur Veröffentlichung empfohlen und behandeln aktuelle Themen aus unterschiedlichen Fachgebieten der Naturwissenschaften, Psychologie, Sozialwissenschaften, Technik und Wirtschaftswissenschaften. Die Reihe wendet sich an Praktiker und Wissenschaftler gleichermaßen und soll insbesondere auch Nachwuchswissenschaftlern Orientierung geben.

Springer awards **"BestMasters"** to the best master's theses which have been completed at renowned Universities in Germany, Austria, and Switzerland. The studies received highest marks and were recommended for publication by supervisors. They address current issues from various fields of research in natural sciences, psychology, social sciences, technology, and economics. The series addresses practitioners as well as scientists and, in particular, offers guidance for early stage researchers.

Ingrid Geier

Die Verantwortung für Gesellschaft und Umwelt in der Wahrnehmung von zukünftigen Lehrpersonen

Springer VS

Ingrid Geier
Institut für Bildungswissenschaften
Pädagogische Hochschule Salzburg
Salzburg, Österreich

ISSN 2625-3577 ISSN 2625-3615 (electronic)
BestMasters
ISBN 978-3-658-51402-0 ISBN 978-3-658-51403-7 (eBook)
https://doi.org/10.1007/978-3-658-51403-7

Die Deutsche Nationalbibliothek verzeichnet diese Publikation in der Deutschen Nationalbibliografie; detaillierte bibliografische Daten sind im Internet über https://portal.dnb.de abrufbar.

Planung/Lektorat: Marija Mann
Springer VS ist ein Imprint der eingetragenen Gesellschaft Springer Fachmedien Wiesbaden GmbH und ist ein Teil von Springer Nature.
Die Anschrift der Gesellschaft ist: Abraham-Lincoln-Str. 46, 65189 Wiesbaden, Germany

Vorwort und Danksagung

In der heutigen Gesellschaft stehen wichtige Herausforderungen im Bereich der sozialen und ökologischen Verantwortung im Vordergrund. Der Schutz der Umwelt und des Klimas, die Förderung der Nachhaltigkeit oder die Verteidigung der sozialen Gerechtigkeit u.v.m. sind Herausforderungen, die uns alle betreffen und es ist unerlässlich, dass wir uns bewusst damit befassen und uns für die Bewältigung dieser Herausforderungen engagieren.

Eine essenzielle Rolle diesbezüglich spielen Lehrpersonen, die an Schulen tätig sind. Sie sind in der Position, Schüler:innen für die soziale und ökologische Verantwortung zu sensibilisieren sowie ihnen die notwendigen Kenntnisse und Werte zu vermitteln, um in der Zukunft aktiv an der Bewältigung dieser Herausforderungen teilzunehmen.

Als Lehrende an einer Pädagogischen Hochschule ist es mir ein wichtiges Anliegen, zu verstehen, wie Lehramtsstudierende die soziale und ökologische Verantwortung in ihrer zukünftigen Rolle als Lehrpersonen wahrnehmen und welche Erwartungen und Bedürfnisse sie in Bezug auf ihre Ausbildung in diesem Bereich haben. Mit vorliegender Studie untersuche ich die Einstellungen von Lehramtsstudierenden im Bereich der sozialen und ökologischen Verantwortung und deren Bedeutung für ihre zukünftige Rolle als Lehrkräfte und möchte mit den Ergebnissen dazu beitragen, das Verständnis für die Rolle von Lehrpersonen in der Vermittlung von sozialer und ökologischer Verantwortung zu verbessern sowie Empfehlungen für die Ausbildung von Lehramtsstudierenden in diesem Bereich abzuleiten.

Für das Engagement und die Unterstützung bei der Erstellung der Arbeit sowie Erhebung der Daten möchte ich mich bei allen Personen bedanken, die zum Gelingen dieser Studie maßgeblich beigetragen haben. Dies sind zum einen jene Studierende, die sich sehr unkompliziert und hilfsbereit als Untersuchungspersonen zur Verfügung gestellt haben, und zum anderen, Kolleg:innen, Freund:innen und Familie, die mich mit viel Geduld in vielen Gesprächen zum Weiterdenken angeregt und dadurch meine Arbeit in besonderer Weise unterstützt haben. Insbesondere Dr. Heidi Grobbauer: Durch ihre konstruktive und kompetente Kritik ermöglichte sie mir, den Blick auf das Wesentliche zu richten.

Salzburg
2023

Ingrid Geier

Interessenkonflikt Der/die Autor:in hat keine relevanten Interessenskonflikte im Zusammenhang mit dieser Publikation.

Über das Buch

Vorliegende Studie untersucht Einstellungen von Lehramtsstudierenden hinsichtlich ihrer Verantwortungsrolle in Bezug auf Gesellschaft und Umwelt. Dazu wird erforscht, in welcher Rolle Studierende einen gesellschaftlichen Auftrag wahrnehmen, welche Sichtweisen sie zu Gesellschaft und Umwelt vertreten, wie sie die Begriffe „lokal" sowie „global" für sich verstehen und in Zusammenhang bringen und wie sich ihr Verständnis aus einer bildungswissenschaftlichen Perspektive betrachten lässt. Es werden 16 Fokusgruppen (n = 58) eingesetzt, um Datenmaterial zu sammeln und die Ergebnisse anhand des sozio-ökologischen Modells nach Bronfenbrenner (1979) zu interpretieren. Die Ergebnisse zeigen, dass die Fokusgruppen-Diskussionen hauptsächlich dem Microsystem und dem Mesosystem im Modell von Bronfenbrenner (1979) zuzuordnen sind, wobei das Microsystem die Perspektiven und Haltungen der Studierenden adressiert und das Mesosystem die Rolle der Studierenden bei der Vermittlung von Umweltthemen und Werten im Unterricht. Die Studierenden sehen die Verantwortung für Gesellschaft und Umwelt als essenziellen Teil ihres Bildungsauftrags. Sie erkennen die Bedeutung einer sozialen und ökologischen Verantwortung in der Rolle als Individuum sowie als zukünftige Lehrpersonen, wenngleich nicht alle Studierenden die Dringlichkeit des Themas gleichermaßen erfassen.

Inhaltsverzeichnis

Über die Autorin

Ingrid Geier ist Hochschullehrende und Bildungsforscherin an der Pädagogischen Hochschule Salzburg. Ihre Arbeitsschwerpunkte liegen im Bereich der Lehrer:innenbildung, der Demokratie- und Umweltbildung sowie der Erforschung professioneller Haltungen im Kontext gesellschaftlicher Transformationsprozesse. In ihrer wissenschaftlichen Tätigkeit verbindet sie theoretische Perspektiven der Bildungswissenschaften mit praxisnahen Fragestellungen der Unterrichtsgestaltung und Schulentwicklung. Sie wurde zweimal mit einem Fulbright-Stipendium ausgezeichnet, das internationale akademische Kooperationen fördert. Einer Gastprofessur an der University of Hawai'i at Manoa und an der City University of New York - Kingsborough Community College.

Ein besonderer Fokus ihrer Forschung liegt auf Fragen von sozialer und ökologischer Verantwortung. Sie untersucht, wie Lehramtsstudierende ihre Rolle in einer zunehmend komplexen und von globalen Herausforderungen geprägten Welt verstehen – und wie dieses Verständnis pädagogische Entscheidungen, Werthaltungen und professionelle Selbstbilder prägt. Ihre Forschungsprojekte orientieren sich dabei vielfach an interdisziplinären Ansätzen, unter anderem an ökologischen und sozio-kulturellen Modellen wie jenem von Bronfenbrenner, das auch der vorliegenden Studie zugrunde liegt.

Ingrid Geier arbeitet in nationalen und internationalen Kooperationen zu Active Citizenship, nachhaltiger Bildung und professioneller Lehrer:innenbildung. Ihr Anliegen ist es, angehende Lehrpersonen darin zu stärken, gesellschaftliche Verantwortung aktiv wahrzunehmen, komplexe globale Themen kritisch einzuordnen und Lernräume zu gestalten, die Reflexion, Mitbestimmung und Nachhaltigkeit fördern.

Mit dieser Publikation leistet sie einen Beitrag dazu, die Perspektiven von Studierenden sichtbar zu machen und ein tieferes Verständnis dafür zu entwickeln, welche Vorstellungen von Verantwortung, Gesellschaft und Umwelt zukünftige Lehrpersonen in ihre professionelle Praxis mitnehmen.

Abbildungsverzeichnis

1 Einleitung

My humanity is bound up in yours, for we can only be human together.

(Bishop Desmond Tutu)

Geht es um das Lösen großer Probleme wie der Verteilungsgerechtigkeit, der Migrationsproblematik, in Bezug auf den Klimaschutz, einer Pandemie u.v.m. in unserer Welt sowie darum, notwendige Zielsetzungen für eine nachhaltige Entwicklung[1] zu erreichen, so ist meist gleichzeitig von einer individuellen und einer gesellschaftlichen Verantwortung die Rede. Dabei geht es um die Übernahme von Verantwortung für das eigene Handeln, ebenso wie für das „große Ganze", die Verantwortung, ein friedvolles und nachhaltiges Zusammenleben in unserer Gesellschaft zu ermöglichen und mitzugestalten, das die Philosophin Ina Schmidt (2021, S. 13) als ein „innewohnendes Streben, das Gute zu wollen" beschreibt. Aber was bedeutet Verantwortung übernehmen? Erhält der Verantwortungsbegriff angesichts vieler globaler Bedrohungen eine neue Bedeutung? Und was versteht man unter Verantwortung für Gesellschaft und Umwelt?

Im Fokus vorliegender Arbeit stehen das Verantwortungsbewusstsein sowie die Anerkennung einer Verpflichtung gegenüber der Gesellschaft. Zusammen mit einer aktiven gesellschaftlichen Teilhabe bedeuten sie gleichsam die Anerkennung und Umsetzung einer demokratischen Kultur, die es für ein friedvolles und

[1] Damit ist jene Entwicklung gemeint, die den Bedürfnissen der jetzigen Generation entspricht, ohne damit die Möglichkeiten von zukünftigen Generationen zu gefährden United Nations (2015).

I. Geier, *Die Verantwortung für Gesellschaft und Umwelt in der Wahrnehmung von zukünftigen Lehrpersonen*, BestMasters,
https://doi.org/10.1007/978-3-658-51403-7_1

nachhaltiges Zusammenleben benötigt und die es auch im Bewusstsein jeder bzw. jedes Einzelnen zu schärfen gilt.

Weltweit übernehmen Hochschulen und Universitäten neben traditioneller Lehre und Forschung als dritte akademische Mission[2] (Berthold, Meyer-Guckel & Rohe, 2010) gesellschaftliche Verantwortung und ermöglichen Studierenden, über „Lernen durch Engagement“ sich aktiv in die Gesellschaft einzubringen. Unterschiedliche hochschuldidaktische Programme (Service-Learning[3], Active-Citizenship Learning[4], Civic-Engagement, Lernen durch Engagement etc.) versuchen diesen Auftrag bestmöglich umzusetzen und sich verstärkt mit den größeren gesellschaftlichen Fragen auch von Macht und Intersektionalität zu befassen. Aber welche Verantwortung sehen Studierende, sich selbst lokal oder global in die Gesellschaft einzubringen?

Diese Arbeit leistet einen Beitrag dazu, die Wahrnehmung von Lehramtsstudierenden im Hinblick auf deren Verantwortungsrolle gegenüber der Gesellschaft und Umwelt aufzuzeigen, um darauf aufbauend entsprechende hochschuldidaktische Initiativen und Programme entwickeln zu können bzw. bestehende anzupassen, die Lehramtsstudierenden in ihrer individuellen Verantwortungsrolle sowie in ihrer Rolle als zukünftige Lehrperson unterstützen.

1.1 Problemstellung und Zielsetzung

Die Frage von gesellschaftlicher Verantwortung ergibt sich nicht erst im Zuge einer weltweit stattfindenden Pandemie, diese gibt aber Anstoß, vertieft darüber nachzudenken, mit welcher Haltung sowie mit welchen Einstellungen Lehramtsstudierende ihre Rolle in der Gesellschaft wahrnehmen. Richtet man den Blick auf den Lehrplan des Bundesministeriums für Unterricht, Kunst und Kultur (2012), den Studierende der Primarstufenausbildung zukünftig selbst umsetzen, so ist zu

[2] *Third Mission* taucht in der Literatur vermehrt in den 1980er Jahren auf. Roessler, Duong und Hachmeister (2016, S. 5) verstehen darunter einen multidimensionalen Ansatz, der eine kulturelle, soziale und politische Dimension miteinschließt, zusätzlich zur Forschung und Lehre.

[3] *Service-Learning* ist eine Unterrichtsform, die gemeinnützige Tätigkeiten mit akademischen Zielen verbindet. Studierende bringen sich in die Gesellschaft ein und reflektieren diese Erfahrung im akademischen Kontext (siehe auch Punkt 2.5).

[4] Geier, Schober und Niederreiter (2018, S. 155) beschreiben *Active-Citizenship Learning* als Lehr- und Lernform, in der sich Studierende aktiv und entsprechend ihrer Kompetenzen über eigene Projekte, entsprechend einem gesellschaftlichen Bedarf gemeinwohlorientiert in sozialen, kulturellen und ökologischen Feldern der Gesellschaft und des Gemeinwesens einbringen sowie ihre Erfahrungen in strukturierter Form reflektieren (siehe auch Punkt 2.5).

lesen, dass sie als zukünftige Lehrpersonen Schüler:innen in ihrer Entwicklung zu verantwortungsbewussten Mitgliedern der Gesellschaft begleiten. Damit sind Bürger:innen gemeint, die fähig sind, eigenständig zu urteilen sowie ein soziales Verständnis haben, um „in Freiheits- und Friedensliebe an den gemeinsamen Aufgaben der Menschheit mitzuwirken“ (Bundesministerium für Unterricht, Kunst und Kultur, 2012, S. 9).

Daher stellt sich die Frage, ob und wie Lehramtsstudierende soziale Verantwortung als einen Auftrag wahrnehmen. Inwieweit sie für sich eine soziale Verantwortung als Individuum bzw. auch in ihrer Rolle als Lehrperson erkennen. Sie sind es, die den Auftrag umsetzen, ihre Lernenden zu begleiten, um damit z. B. globale Ziele wie globale Nachhaltigkeitsziele (United Nations, 2015) zu unterstützen. Die soziale Verantwortung trägt maßgeblich zu dieser nachhaltigen Entwicklung bei (The International Organization for Standardization (ISO) and the Organisation for Economic Co-operation and Development, 2016) und rückt damit in den Fokus. Auch welche Verantwortung damit gemeint ist und welche Rolle zukünftige Lehrpersonen einnehmen, ist Thema dieser Arbeit, ebenso wie die Bedeutung sozialer Verantwortung für das zukünftige pädagogische Handeln von Lehramtsstudierenden. Dazu wird die individuelle Verantwortung von Lehramtsstudierenden in den Blick genommen, zudem die Frage, welchen Bildungs- und Erziehungsauftrag sie in ihrer Rolle als Lehrpersonen im Zusammenhang einer sozialen Verantwortung sehen?

Vor diesen Fragen und diesem Hintergrund baut vorliegende Arbeit auf, deren Kapitel nachfolgend vorgestellt werden.

1.2 Aufbau des Buches

Mit Kapitel 2 werden die theoretischen Grundlagen für die Studie vorgestellt. Abschnitt 2.1 zeigt dazu verschiedene Perspektiven auf den Verantwortungsbegriff auf. Es werden relevante Studien präsentiert und der Verantwortungsbegriff wird aus den Bildungswissenschaften heraus diskutiert. Überdies wird der Begriff Verantwortung im Kontext von Gesellschaft und Umwelt beleuchtet, bevor er für die vorliegende Arbeit definiert wird. Die Auseinandersetzung mit den Begrifflichkeiten und die Begriffsbestimmung geschieht bereits sehr früh in der Arbeit, um zu sicherzustellen, von welchem Verständnis die Arbeit betrachtet wird und davon ausgehend einzelne Kapitel bearbeitet werden. Sie zeigt eine intensive Auseinandersetzung mit bestehender Literatur und Ableitungen für die eigene Arbeit.

In Abschnitt 2.2 werden die verschiedenen Rollen diskutiert, die eine Lehrperson einnimmt, und der Verantwortungsbegriff wird erneut hinterfragt sowie die individuelle Verantwortung abgeleitet. Abschnitt 2.3 widmet sich dem Verantwortungsbewusstsein als Auftrag an Pädagog:innen. Dazu wird ein Blick in das Curriculum geworfen, das Lehrpersonen als Referenz dient. Der Verantwortungsbegriff wird noch einmal für Position und Rolle der Lehrperson aufgegriffen. Abschnitt 2.4 zeigt verschiedene Bildungskonzepte bzw. Bildungsansätze auf, die den Verantwortungsbegriff auf unterschiedliche Weise fassen sowie verschiedene Schwerpunkte setzen. Diese Konzepte bzw. Ansätze werden schließlich kontroversiell diskutiert und deren Zeitgemäßheit kritisch beleuchtet. Abschnitt 2.5 befasst sich mit dem Verantwortungsbegriff als Stütze einer demokratischen Kultur und es werden Handlungsfelder bzw. handlungsorientierte Ansätze als Lerngelegenheiten vorgestellt. Mit Kapitel 3 beginnt der empirische Teil vorliegender Arbeit. Er zeigt zu Beginn die Ableitungen aus der Theorie auf, die für die Untersuchung relevant sind. Es werden die Forschungsfragen vorgestellt und der methodische Zugang wird transparent und nachvollziehbar gemacht. Außerdem werden das Forschungsdesign und die Stichprobe vorgestellt und die Fokusgruppen-Diskussion als Erhebungsmethode für vorliegende Untersuchung detailliert besprochen. Im Anschluss wird der Ablauf der Datenerhebung dargelegt und es wird die Güte der Qualität über die einzelnen Gütekriterien qualitativer Forschung transparent gemacht. Des Weiteren wird in die inhaltlich strukturierte Inhaltsanalyse nach Kuckartz (2018) eingeführt und die Datenanalyse in ihren Schritten besprochen, bevor zu den Gütekriterien nach Lincoln und Guba (1985) detailliert Stellung genommen wird. Abschnitt 3.3 umfasst eine ausführliche und nachvollziehbare Analyse des vorliegenden Datenmaterials und legt den Prozess der Kategorienbildung transparent dar. Kapitel 4 stellt die Ergebnisse dar. Diese werden als Teilergebnisse in vier Unterkapiteln präsentiert und am Ende jeweils zusammengefasst. Im Kapitel 5 werden die Ergebnisse entsprechend den Forschungsfragen interpretiert und in Bezug auf vorgestellte Studien sowie wissenschaftliche Literatur diskutiert. Im Anschluss an die Zusammenfassung der Interpretation und Diskussion erfolgen eine methodische Reflexion und kritische Diskussion der eigenen methodischen Vorgangsweise. Kapitel 6 diskutiert die Ergebnisse für die Ausbildung von Lehrpersonen, bevor in Kapitel 7 eine Prognose darüber erfolgt, wie das Thema, die Fragestellung und die Ergebnisse für weitere Forschung von Interesse sein könnten. Kapitel 8 bildet den Schlussteil dieser Arbeit und es werden die wichtigsten Ergebnisse und Schlussfolgerungen dieser Arbeit zusammengefasst, die sich aus der Analyse der Daten ergeben. Nach dem Literaturverzeichnis wird im Anhang eine Tabelle präsentiert, die das Kategoriensystem mit den Definitionen und Ankerbeispielen beinhaltet.

2 Theoretische Grundlagen

In diesem Kapitel wird die theoretische Rahmung vorliegender Arbeit dargelegt. Zu Beginn werden Kernbegriffe geklärt und verschiedene Perspektiven auf den Begriff der Verantwortung vorgestellt, bevor auf die Rolle der Verantwortung und das Verantwortungsbewusstsein von Pädagog:innen eingegangen wird. Im Anschluss werden Bildungskonzepte präsentiert, die Lehrende im Unterricht unterstützen können, bevor der Verantwortungsbegriff als Stütze einer demokratischen Kultur diskutiert wird und Handlungsfelder sowie handlungsorientierte Ansätze dargelegt werden. Die entsprechenden Ableitungen des theoretischen Teils bilden sich im empirischen Teil dieser Arbeit ab.

2.1 Verschiedene Perspektiven auf den Begriff der Verantwortung

Nachfolgend wird der Verantwortungsbegriff umfassend betrachtet, der sich als Ausgangspunkt für diese Arbeit, das Konzept und das weitere Verständnis als wesentlich erweist. Zuvor wird der Blick auf bestehende Forschungsarbeiten gerichtet, um ausgehend davon den Begriff aus verschiedenen Perspektiven zu betrachten und näher zu bestimmen.

2.1.1 Der Verantwortungsbegriff in den Bildungswissenschaften

Verantwortung für Gesellschaft und Umwelt lässt sich aus verschiedenen Blickwinkeln diskutieren. In der bildungswissenschaftlichen Forschung zeigt sich,

I. Geier, *Die Verantwortung für Gesellschaft und Umwelt in der Wahrnehmung von zukünftigen Lehrpersonen*, BestMasters,
https://doi.org/10.1007/978-3-658-51403-7_2

dass Verantwortung als bewusstes Verhalten gegenüber der Gesellschaft und der Umwelt (z. B. Kollmuss & Agyeman, 2002) ebenso betrachtet wird wie als Bewusstsein bzw. Pflichtbewusstsein oder als Anerkennung von Rechten (z. B. Kopnina, 2014) oder als Verantwortung gegenüber zukünftigen Generationen (z. B. Weiss, 1992, 1989). In verschiedenen Forschungsarbeiten wird die Bedeutung von Verantwortungslernen aufgezeigt. Dabei lässt sich festhalten, dass bisherigen Forschungen ein unterschiedliches Verständnis von sozialer Verantwortung (social responsibility) zugrunde liegt. Exemplarisch werden an dieser Stelle einige Studien vorgestellt.

Nakamura und Watanabe-Muraoka (2006) entwickelten in ihrer Arbeit eine Skala zur Erfassung „Globaler sozialer Verantwortung" als Konzept, das die Verantwortung des Einzelnen mit der Verantwortung für die Gesellschaft verbindet und untersuchten das Konstrukt einer globalen gesellschaftlichen Verantwortung im Hinblick auf ausgewählte Variablen. Als Faktoren lassen sich ein „globaler Altruismus" ebenso wie eine „aktive Beteiligung an der Gesellschaft" oder ein „Verständnis der Interdependenz" identifizieren. Überdies zeigen die Ergebnisse von High School Studierenden (n = 395), dass das weibliche Geschlecht einen signifikanten Einfluss auf die Wahrnehmung einer globalen sozialen Verantwortung nimmt, ebenso wie die Tatsache, dass in der Familie über soziale Probleme gesprochen wird oder Erfahrungen mit Freiwilligenaktivitäten stattfinden. In diesem Kontext weist die *Association of American Colleges and Universities* (2007) auf die Bedeutung der „personellen und sozialen Verantwortung" hin, die über reale Herausforderungen und über die Beteiligung an verschiedenen Gemeinschaften erworben wird.

Auf diese Erkenntnis baut die Studie Holzman, Horst und Ghant (2017) auf, die im Verantwortungsbewusstsein gegenüber einer Gemeinschaft eine notwendige Voraussetzung für ein Bürger:innenbewusstsein und das Engagement sehen. Über ein Mixed-Method Design wurden die Einschätzungen von Hochschulstudierenden (n = 219) zu *civic-mindedness* erhoben und die Ergebnisse anhand Aussagen über Fokusgruppen-Diskussionen gestützt sowie kontrovers diskutiert. Dabei zeigt sich, dass Lehr- und Lernformen, die gesellschaftliches Engagement von Studierenden unterstützen, zu einem erhöhten Verantwortungsbewusstsein und einer gestiegenen Wertschätzung gegenüber der Gesellschaft führen. Zu diesem Resultat gelangen auch Geier und Hasager (2020) in ihrer Studie, die in einem Mixed-Method Design über Fragebögen (n = 150) und Fokusgruppen-Diskussionen (n = 88) in ihrer Studie der Frage nachgehen, welche Rolle Lehr- und Lernmethoden wie Service-Learning oder Active-Citizenship Learning in Bezug auf die Stärkung einer demokratischen Kultur in der Einstellung von Studierenden einnimmt. Studierende zeigen in ihrer Selbsteinschätzung, dass sie über diese Lehr- und Lernformen Verantwortung für die Gesellschaft übernehmen und sich als eigenständige Akteur:innen in diesem Auftrag erleben.

Eine weitere aktuelle Studie von Körükcü und Tangülü (2021) geht davon aus, dass es sich bei Verantwortung um ein erlerntes Gefühl handelt, und sie nehmen in einer quantitativen Studie das individuelle und globale soziale Verantwortungsbewusstsein von Lehramtsstudierenden (n = 179) in den Blick. Die Ergebnisse zeigen, dass das Niveau der individuellen gegenüber einer globalen sozialen Verantwortung sehr hoch ist und sich zugunsten des weiblichen Geschlechts signifikante Unterschiede feststellen lassen. Darüber hinaus erweist sich, dass die individuelle soziale Verantwortung als Prädiktor für eine globale soziale Verantwortung herangezogen werden kann.

In einer weiteren Studie von Banos-González, Esteve-Guirao und Jaén (2021) ist ebenfalls von einem „Gefühl“ der Verantwortung die Rede. Diese Studie zeigt auf, dass die Bereitschaft von Lehrpersonen, sich nachhaltig zu verhalten, im Hinblick auf ein pro sozio-ökologisches Verhalten beim Fleischkonsum, stark mit der Wahrnehmung von Verantwortung verknüpft ist. In der Interventionsstudie, in der primäre Aufklärungsarbeit geleistet wurde, wurden die Einschätzungen von 95 Lehramtsstudierenden in der Experimentalgruppe sowie von 49 in der Kontrollgruppe mittels Fragebogen erhoben. Die Ergebnisse der Befragung nach der Intervention ergeben signifikante Unterschiede in der wahrgenommenen Verantwortung und der Bereitschaft, das Verhalten nachhaltig zu ändern.

Dass diese Bereitschaft, das Verhalten zum Wohle der Umwelt zu ändern, eng mit einem Verantwortungsgefühl als wesentlicher Faktor des Umweltbewusstseins verbunden ist, wird auch in der Arbeit von Gifford und Nilsson (2014) sichtbar. Diese beziehen sich auf verschiedene Metastudien, um einen Leitfaden für persönliche und soziale Einflüsse auf das Umweltbewusstsein und Umweltverhalten zu erarbeiten. Sie machen auf eine große Anzahl persönlicher und sozialer Faktoren aufmerksam, die das Bewusstsein und Verhalten mitbestimmen können. Dabei kommt dem Verantwortungsgefühl eine bedeutende Rolle für das Umweltbewusstsein zu und wird im engen Zusammenhang mit einem Schuldgefühl gesehen.

In der wissenschaftlichen Literatur zeigt sich, dass der Verantwortungsbegriff bildungswissenschaftlich in den verschiedensten Fachbereichen (u. a. Pädagogik, Psychologie, Soziologie, Philosophie) auftaucht und sehr unterschiedlich eingesetzt wird. Ebenso in der Theologie lässt sich diese Beobachtung feststellen. Hier „gewinnt der Begriff Verantwortung seit dem Ende des Ersten Weltkrieges zunehmend an Gewicht. Er wird nach dem Zweiten Weltkrieg, zudem ergänzt durch den der verantwortlichen Gesellschaft, zum Gemeinplatz“ (Karrenberg & Schober, 1980, S. 1358). Außerhalb der Theologie und auch Philosophie wird er in empirischen Untersuchungen selten aufgegriffen und so bleibt man auf der Suche in Lexika zumeist erfolglos (Böhm & Seichter, 2018; Schaub & Zenke, 2007).

Im Duden finden sich unter dem Begriff Verantwortung zwei Beschreibungen. In einer ersten Definition ist zu lesen: „[Mit einer bestimmten Aufgabe, einer bestimmten Stellung verbundene] Verpflichtung, dafür zu sorgen, dass (innerhalb eines bestimmten Rahmens) alles einen möglichst guten Verlauf nimmt, das jeweils Notwendige und Richtige getan wird und möglichst kein Schaden entsteht“ (Duden, 2023, Abs. a). In einer weiteren Beschreibung wird Verantwortung beschrieben als „Verpflichtung, für etwas Geschehenes einzustehen [und sich zu verantworten]“ (Duden, 2023, Abs. b).

Innerhalb dieser Beschreibungen ist der Begriff jeweils multiperspektivisch zu betrachten und weist kontextgebunden unterschiedliche Bedeutungen auf. Beispielsweise übernimmt eine Lehrperson Verantwortung gegenüber den Lernenden ebenso wie gegenüber der Elternschaft, gegenüber Kolleg:innen, der Schulleitung oder auch gegenüber der Gesellschaft.

Eine Einteilung des Begriffes Verantwortung in vier Ebenen vollzieht Kaufmann (1992). Dieser unterscheidet zwischen einer

- institutionellen Ebene,
- organisatorischen Ebene,
- zuschreibenden Ebene von Verantwortung (z. B politische Verantwortung) und
- individuellen Ebene (Kaufmann, 1992, S. 101).

Aufgrund der erwähnten Mehrperspektivität kommt es innerhalb dieser Ebenen zu Überlagerungen und Begriffserweiterungen – beispielsweise auf der individuellen Ebene, wenn eigene ethisch-moralische Überlegungen einbezogen werden.

Es zeigt sich, dass der Verantwortungsbegriff in verschiedenen Fachbereichen verankert ist, sodass er nachfolgend aus den verschiedenen Perspektiven heraus definiert wird.

Etymologisch hat der Begriff Verantwortung seinen Ursprung im Lateinischen „respondere“, bedeutet „antworten“ und kommt aus der Rechtsprechung. Dies bezieht sich auf einen Angeklagten, „Jemand (der Angeklagte) ist für etwas (seine Tat) vor einer Instanz (dem Gericht) in Bezug auf bestimmte Normen (die Gesetze) verantwortlich“ (Wittwer & Kreß, n. d., S. 575).

Ergänzend zur juridischen Sichtweise wurde im 20. Jahrhundert der Begriff Verantwortung im Zuge der Verantwortungsethik[1] durch Max Weber zu einem essenziellen Begriff mit soziologischen und philosophischen Konnotationen. Die Richtigkeit des Handelns wird dabei vorrangig nach den vorhersehbaren Folgen (Klimke, Lautmann, Stäheli, Weischer & Wienold, 2020) beurteilt und nicht auf Basis des ursprünglichen Motivs (Wienold, Fuchs-Heinritz, Lautmann & Rammstedt, 2013).

Nachdem im weiteren Verlauf eine empirische Annäherung an den Begriff der sozialen und ökologischen Verantwortung erfolgen soll und es dabei nicht um das Aufzeigen unterschiedlicher Moralvorstellungen geht, sondern darum, die Wahrnehmungen von Studierenden zu beschreiben, soll ein philosophischer und ein soziologischer Zugang zum Begriff aufgezeigt und der Begriff Verantwortung auch aus der Ökologie heraus betrachtet werden.

Einzelne Lexika der Soziologie (Reinhold, Recker & Lamnek, 2017; Wienold et al., 2013) umfassen keine Einträge zum Begriff Verantwortung. Im Lexikon der Philosophie hingegen wird der Begriff erweitert betrachtet durch einen „universalen Zusammenhang, der die Mitwelt der anderen Personen" umfasst. „Der Gedanke der V. [Verantwortung] für sein Handeln ergibt nur dann einen Sinn, wenn Handeln nicht allein nach allgemeinen Normen beurteilt wird, sondern die Handlungsfolgen aus der Perspektive der gemeinsamen Mitwelt" (Prechtl & Burkard, 2015, S. 645) berücksichtigt werden. Der Begriff Verantwortung schließt in dieser Definition die Relation einer Mitwelt ein und wird in dessen Wirkung sowie in seinen Konsequenzen dadurch breiter betrachtet.

Eine stärkere Operationalisierung des Begriffes nimmt die Philosophin Sombetzki (2014) vor. Sie unterscheidet, „wer", „wofür", „vor welcher Instanz" bzw. „warum" und „inwiefern" Verantwortung übernommen wird, ähnlich den oben ausgeführten juridischen Perspektiven.

Heute wird Verantwortung auch stark im Zusammenhang mit der Ökologie sowie den Folgen der Technisierung verwendet (Drahmann & Cramer, 2019, S. 18). Es geht um die Folgen von Handlungen, für die ein Handelnder aufkommen kann und soll. Der Begriff der Verantwortung wird dabei ebenfalls im Zusammenhang einer ethischen Verpflichtung gesehen. Aber gibt es so etwas wie eine Verantwortungsethik, wie sie auch Jonas (1979) in seinem „Prinzip der Verantwortung" einfordert, um auf den richtigen Umgang von Natur und Technik aufmerksam zu machen? Inwieweit ist hier das Gewissen als moralische Instanz ein Regulativ? Als oberste Maxime könnte jedenfalls ein lebenswertes Leben für

[1] Ein Begriff aus der Philosophie und meint hier die „subjektive Einstellung, die das eigene Handeln und Verhalten an Verantwortung bindet" (Tenorth & Tippelt, 2007, S. 745–746).

die gesamte Menschheit (Wintersteiner, 2021) gelten. Doch gibt es das? Und wenn ja, welche Verantwortung braucht es dafür?

Eine Antwort darauf schlägt die internationale Initiative Earth4all vor, die vom „Club of Rome[2]" initiiert wurde. Über diese Initiative werden wissenschaftliche Erkenntnisse mit neueren wirtschaftlichen Überlegungen verknüpft sowie fünf „Wendepunkte" aufgezeigt, um den Kapitalismus zu überdenken und über einen sicheren Weg zu Wohlstand für alle zu kommen.

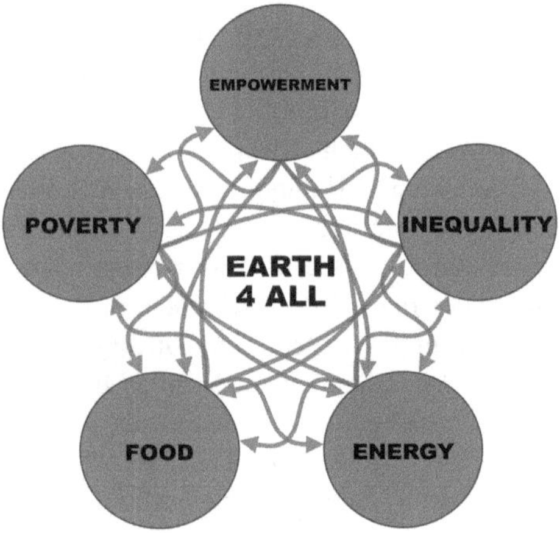

Abbildung 2.1 Five Turnarounds – Eigene Darstellung in Anlehnung an Earth4all (2022)

Als Wendepunkte werden erneuerbare Energien, nachhaltige Lebensmittelketten, neue Entwicklungsmodelle in ärmeren Ländern, der aktive Abbau von Ungleichheit und Investitionen in Bildung für alle (Earth4all, 2022) genannt. Die Grafik (Abbildung 2.1) zeigt keine neuen Erkenntnisse, sie verdeutlicht mit den vielen Pfeilen aber, dass diese sogenannten Wendepunkte in einer sehr komplexen Welt stark zusammenhängen und gemeinsam gedacht werden müssen. Aber ist diese Erkenntnis wirklich neu?

Eine heutige Sichtweise und Bedeutung des Begriffes Verantwortung, die sich aufgrund einer immer komplexer werdenden Welt zunehmend stärker in Richtung kollektive Verantwortung verändert, muss daher vermehrt den Blick in

[2] Der „Club of Rome" ist eine gemeinnützige Organisation und Zusammenschluss von Expert:innen aus über 30 verschiedenen Ländern, die 1968 gegründet wurde, und setzt sich für eine nachhaltige Zukunft der Menschheit ein.

die Zukunft und prospektiv auf eine Vorsorgeverantwortung richten, auch wenn zugleich die Vergangenheit eine reflektierte Sichtweise einfordert. Eine solche Sichtweise geht von einem weiteren normativen Verständnis aus und schließt den fürsorgeethischen Aspekt mit ein. Damit wird eine Verbindung zur Ethik geschaffen, nachdem mit diesem Begriff auch stark eine moralische bzw. ethische Verpflichtung impliziert wird.

In der Pädagogik sieht man im Begriff Verantwortung einen „Moralbegriff; [und] meint das Einstehen für das eigene Handeln und Verhalten sowie für dessen Folgen. Instanzen der V. sind subjektiv (Gewissen) oder objektiv (ausgewiesene moralische Institutionen, Gesetze) oder absolut (Sittengesetz, Gott) gesetzt“ (Tenorth & Tippelt, 2007, S. 745).

Verantwortungsbewusstes Handeln ist folglich interdisziplinär zu betrachten und keinem bestimmten gesellschaftlichen Bereich zuordenbar. Die Frage, die sich dabei stellt, bezieht erneut die gleichen Relationen ein, nämlich „wer“, für „was“ und „wem“ gegenüber verantwortlich ist. Nicht selten werden dabei Kriterien, Standards oder Normen herangezogen, wenngleich ein Bewertungsprozess offenkundig kontextspezifisch betrachtet werden muss. Dass dieses „Verhältnis“ auch asymmetrisch ausfallen kann, zeigt schon sehr früh Hans Jonas (1979) auf. Er stellt ein nicht-reziprokes Verhältnis von Verantwortung dar und platziert den Begriff abseits von Personen und moralischen Subjekten z. B., wenn es um die Ausbeutung der Natur geht, wengleich er die „Verantwortung von Menschen zu Menschen“ als vorrangig erachtet. Er mahnt, die Natur nicht als zu nutzendende Ressource zu betrachten, die uns zu einem schöneren Leben verhilft, sondern spricht der Natur eigene Interessen, Ziele und Werte zu und sieht vielmehr die Verpflichtung, sie ihrer selbst willen zu schützen.

Einen weiteren Zugang schafft der Europarat (Council of Europe, 2016) in seiner Veröffentlichung „Competences For a Democratic Culture“, in der Verantwortung als Kompetenz den Haltungen zugeordnet wird. Verantwortung wird dabei als Einstellung gesehen, eigene Handlungen in Bezug auf moralische Angemessenheit zu reflektieren, und wird als bedeutende Haltung für ein demokratisches Miteinander in den Mittelpunkt gerückt (siehe auch Abbildung 2.3 unter Punkt 2.5)

2.1.2 Verantwortung für Gesellschaft und Umwelt

Im vorliegenden Werk liegt der Fokus auf der Verantwortung für Gesellschaft und Umwelt, sodass der Begriff in seiner neuen Zusammensetzung weiter betrachtet werden soll.

Recherchen zur Verantwortung für Gesellschaft zeigen in einem Lexikon der Psychologie zwei Aspekte auf: „das Wohlergehen anderer unterstützen und Verfolgung der eigenen Ziele, ohne andere zu schädigen“ (Bierhoff, 2019, Abs. 1). Überdies wird ein verantwortungsbewusstes Handeln beschrieben, das nicht auf Kosten anderer geschieht. Dieser Definition folgend handelt jemand verantwortungsvoll, wenn ethische Standards berücksichtigt werden und rechenschaftspflichtig Verantwortung für die Konsequenzen der Handlung übernommen wird (Auhagen & Bierhoff, 2002). Damit werden erstmals Verhaltensstandards angedeutet, die eine normative Komponente einbringen.

Im Zuge weiterer Recherchen tauchen zudem Verbindungen zur Wirtschaft auf. So findet man den Begriff in verschiedenen Wirtschaftslexika im Zusammenhang mit „Corporate Social Responsibility“, der sich mit gesellschaftlicher Verantwortung für Unternehmen übersetzen lässt und den Beitrag der Wirtschaft für eine nachhaltige Entwicklung beschreibt.

Als Teil seiner „Pyramid of Corporate Social Responsibility”, eines multidimensionalen Konzepts, beschreibt Carroll (1991) die philanthropische Verantwortung als „actively engaging in acts or programs to promote human welfare or goodwill“ (Carroll, 1991, S. 42). Das Aufgreifen des Begriffs „Philanthropie[3]“ aus dem Altgriechischen geschieht dabei bewusst und drückt unternehmerische Maßnahmen aus, Ressourcen für die Lösung von gesellschaftlichen Problemen bereitzustellen sowie damit der Gesellschaft etwas zurückzugeben.

Eine Definition für den Begriff unternehmerische soziale Verantwortung formuliert zudem die Europäische Kommission. Soziale (gesellschaftliche) Verantwortung von Unternehmen (corporate social responsibility = CSR) wird dabei beschrieben „als ein Konzept, das den Unternehmen als Grundlage dient, auf freiwilliger Basis soziale Belange und Umweltbelange in ihre Unternehmenstätigkeit und in die Wechselbeziehungen mit den Stakeholdern zu integrieren“ (Council of Europe, 2011, KOM 366). Wie oben erwähnt, werden auch in dieser Definition implizit moralische und ethische „Verpflichtungen“ (wenngleich selbstverpflichtend) angesprochen und damit Verknüpfungen sowohl zur Philosophie als auch Psychologie aufgezeigt.

Für eine erweiterte Sicht auf den Begriff der Verantwortung, die zur Verantwortung für Gesellschaft auch die Umwelt miteinschließen möchte, erweist sich der Leitfaden ISO 26000 (The International Organization for Standardization (ISO) and the Organisation for Economic Co-operation and Development, 2016) als hilfreich. Dieser Leitfaden, der zur Orientierung für Unternehmen dienen kann, macht sichtbar, dass sich „Corporate Social Responsibility“ auf eine

[3] Menschenliebe (Duden, 2021b, Abs. 3).

ethische Verantwortung (z. B. Verantwortung für Mitarbeitende), wie eine ökonomische Verantwortung (z. B., wenn es um das Gleichgewicht von Umwelt und Wirtschaft geht), eine ökologische Verantwortung (z. B. Maßnahmen im Hinblick auf Umweltverschmutzung oder Klimawandel) sowie eine philanthropische Verantwortung (z. B., wenn es um die Unterstützung weniger privilegierter Menschen geht) bezieht. Außerdem betont der ISO 2600 Leitfaden ausdrücklich, dass er nicht nur für die soziale Verantwortung von Unternehmen (CSR), sondern allen Organisationen (OSR) eingesetzt werden kann. Die Definition verwendet daher nicht die Bezeichnung „corporate social responsibility", sondern „social responsibility" und kommt einer bildungswissenschaftlichen Sichtweise sehr viel näher.

Der ISO 26000 Standard beschreibt soziale Verantwortung als:

Verantwortung einer Organisation, die in den Auswirkungen ihrer Entscheidungen und Aktivitäten auf Gesellschaft und Umwelt durch transparentes und ethisches Verhalten

- zu einer nachhaltigen Entwicklung beiträgt, einschließlich der Gesundheit und des Wohlergehens der Gesellschaft;
- die Erwartungen der Interessengruppen berücksichtigt;
- im Einklang mit geltendem Recht und internationalen Verhaltensnormen steht;
- in der gesamten Organisation integriert und praktiziert wird; (The International Organization for Standardization (ISO) and the Organisation for Economic Co-operation and Development, 2016, S. 9)

In dieser Beschreibung wird Verantwortung sehr viel breiter beschrieben und Gesellschaft sowie Umwelt werden gemeinsam gedacht. Auch durch die Aufnahme der Bezeichnung „Organisation" anstatt Unternehmen öffnet der ISO-Standard die Definition für jegliche Organisationen, so auch für Bildungsinstitutionen. Hier stellt sich grundsätzlich die Frage: Was bedeutet es für die Personen, die in solchen Organisationen arbeiten oder auch studieren?

Da es in dieser Arbeit um die Verantwortung für Gesellschaft und Umwelt in der Wahrnehmung von Lehramtsstudierenden geht, ist die Perspektive nicht auf der institutionellen Ebene wie im ISO Standard oder entsprechend den vier Ebenen nach Kaufmann (1992) einzuordnen, sondern vom Individuum ausgehend auf der individuellen Ebene zu verorten, was in der verwendeten Definition dieser Studie berücksichtigt werden soll.

Zusammenfassend lässt sich festhalten, dass verschiedene Zugänge und Heranführungen an den Begriff Verantwortung aufgezeigt werden: von einer juridischen Perspektive (Drahmann & Cramer, 2019; Wittwer & Kreß, n. d.), über das „das

Prinzip Verantwortung" (Jonas, 1979) zu sozialer Verantwortung einer wirtschaftlichen Perspektive (Carroll, 1991; Council of Europe, 2016; The International Organization for Standardization (ISO) and the Organisation for Economic Cooperation and Development, 2016) und einer psychologischen Beschreibung (Auhagen & Bierhoff, 2002; Bierhoff, 2019) hin zu einem philosophischen Verständnis von Verantwortung (Prechtl & Burkard, 2015). Weitere Recherchen zum erweiterten Begriff der sozialen Verantwortung in einschlägigen Lexika der Pädagogik (Böhm & Seichter, 2018; Tenorth & Tippelt, 2007) und Erziehungswissenschaft (Horn & Adick, 2012), der Soziologie (Klimke et al., 2020; Reinhold et al., 2017; Wienold et al., 2013), der Philosophie (Prechtl & Burkard, 2015; Seubert, 2021) sowie im Lexikon der Globalisierung (Gingrich, Knoll & Kreff, 2011) ergeben, dass der erweiterte Begriff in diesen Lexika zwar vereinzelt für andere Definitionen (z. B. für Bürger:innenbeteiligung) verwendet wird, allerdings kein eigener Eintrag bzw. keine Definition für den Begriff Verantwortung vorliegt.

2.1.3 Begriffsbestimmung für das Verständnis dieser Arbeit

Jene Begriffsbestimmung, die sich für das Verständnis dieser Arbeit als wesentlich erweist und im Weiteren verwendet wird, soll aus den bisherigen Recherchen zum Verantwortungsbegriff bzw. den Definitionen des erweiterten Begriffes der sozialen Verantwortung erstellt und für diese Arbeit nachfolgend festgehalten werden.

Der Begriff „soziale Verantwortung" in dieser Arbeit geht vom Individuum aus und möchte zunächst anerkennen, dass auch individuelle Stärken sehr unterschiedlich gelagert sein können und das Wohlergehen anderer nicht nur unterstützen (Bierhoff, 2019, Abs. 1), sondern die Beschreibung auch eine aktive Komponente enthalten soll. Es geht darum durch einen aktiven, freiwilligen Beitrag zu diesem Wohlergehen anderer (Council of Europe, 2011, KOM 366) beizutragen.

Zudem geht es nicht ausschließlich um eine philanthropische Verantwortung (Carroll, 1991) im Sinne der Achtung der Menschenwürde, sondern auch um die Einbeziehung des Lebensraumes als Umwelt, die in dieser Definition beim eigenen Handeln mitgedacht wird. Sie entwickelt sich damit in die Richtung einer sozial-ökologischen Verantwortung. Mit der ökologischen Erweiterung sind Maßnahmen sowie Initiativen angesprochen, die die Natur als einen wertvollen und schützenswerten Lebensraum achten und das Interesse der Umwelt anerkennen und wahren (Daly, 2005; Jonas, 1979)[4].

Dass der Begriffsbestimmung in Bezug auf eine rechenschaftspflichtige Verantwortung (Auhagen & Bierhoff, 2002) bewusst keine erwartbare „Verpflichtung" hinzugefügt wird, ist der Tatsache geschuldet, dass sich eine Verantwortung für die Gesellschaft bislang nicht auf Theorien stützen kann und ein Beitrag daher als freiwilliger Beitrag betrachtet werden muss.

„Verantwortung für Gesellschaft und Umwelt" bedeutet damit, den eigenen Stärken entsprechend durch ethisches und transparentes Verhalten einen freiwilligen aktiven Beitrag für eine dem Wohlergehen der Gesellschaft und der Umwelt entsprechende nachhaltige Entwicklung beizusteuern.

Diese Definition beschreibt nicht die gesellschaftliche Verantwortung einer Organisation, sondern die soziale Verantwortung auf einer individuellen Ebene[5], die in vorliegender Arbeit Lehramtsstudierende meint. Nachdem die Beschreibung des ISO Standards 26000 (The International Organization for Standardization (ISO) and the Organisation for Economic Co-operation and Development, 2016) dem Bildungsverständnis sehr nahe kommt und diese für die Autorin als unterstützend und hilfreich betrachtet wird, wird die Definition bewusst in Anlehnung an den ISO Standard 26000 (The International Organization for Standardization (ISO) and the Organisation for Economic Co-operation and Development, 2016) und basierend auf den bereits dargestellten Recherchen anhand der verwendeten Merkmale in nachfolgender Tabelle genauer erläutert (Tabelle 2.1).

---

[4] Maßnahmen, die im Sinne einer sozial-ökologischen Transformation gesetzt werden. Brand und Wissen (2016, S. 1) verstehen unter einer sozial-ökologischen Transformation den „Oberbegriff, der politische, sozioökonomische und kulturelle Veränderung beschreibt, die sich aus dem Versuch ergeben, die sozial-ökologische Krise zu bewältigen".

[5] Die beiden Adjektive „gesellschaftlich" und „sozial" werden hier im Zusammenhang des Begriffes „Verantwortung" als Synonyme verwendet, nachdem sich beide Adjektive auf Gesellschaft und soziale Beziehungen beziehen.

Tabelle 2.1 Beschreibung der Merkmale als Teil der Definition

Verantwortung für Gesellschaft und Umwelt bedeutet, …	
Merkmal	Beschreibung
… den eigenen Stärken entsprechend …	Damit ist gemeint, dass Lehramtsstudierende unterschiedliche Stärken und Fähigkeiten mitbringen, die sie in die Gesellschaft einbringen können.
… durch ethisches (Verhalten)…	Meint, dass Lehramtsstudierende (selbstverpflichtend) nach moralischen Normen und Werten (z. B. Ehrlichkeit, Gerechtigkeit etc.) entsprechend handeln.
… und transparentes Verhalten	Mit transparentem Verhalten ist ein offenes, nachvollziehbares Verhalten gemeint.
… einen freiwilligen (Beitrag)	Der freiwillige Beitrag bedeutet, dass keine Verpflichtung besteht, im Sinne von Rechenschaft ablegen. Ein etwaiger Beitrag geschieht daher aus eigenem Antrieb.
… aktiven Beitrag	Ein aktiver Beitrag meint, dass Lehramtsstudierende partizipieren, sich in die Gesellschaft einbringen und durch ihren Beitrag die Gesellschaft aktiv mitgestalten.
… für eine dem Wohlergehen der Gesellschaft und der Umwelt	Damit ist jene Entwicklung gemeint, die den Bedürfnissen der jetzigen Generation entspricht, ohne damit die Möglichkeiten von zukünftigen Generationen einzuschränken bzw. zu gefährden (United Nations, 2015).
… entsprechende nachhaltige Entwicklung beizusteuern.	Zu einer entsprechend nachhaltigen Entwicklung (im Sinne einer starken Nachhaltigkeit[6]) beisteuern meint, auf das Zusammenleben und Wohl der Menschheit (soziale Verantwortung) und Umwelt (ökologische Verantwortung) ausgerichtet zu sein und dazu beizutragen.

Der hier vorgestellte Verantwortungsbegriff bezieht sich auf die Übernahme von Verantwortung für das eigene Handeln mit dem Ziel für das „große Ganze“ – entsprechend dem Gedanken eines guten Lebens für alle – und damit auf das Streben nach einem guten Zusammenleben in unserer Gesellschaft. In

[6] Damit ist jene Nachhaltigkeit gemeint, die Natur nicht als austauschbar erkennt, sondern der Natur eigene Interessen, Ziele sowie Werte zuspricht (Daly, 2005). (Siehe auch Punkt 2.4.1).

Bezug auf die globalen Herausforderungen, die derzeit zu bewältigen sind, kann dieser Verantwortungsbegriff eine neue Bedeutung erlangen. Soziale Verantwortung meint hier die Verpflichtung, an der Verbesserung der Lebensbedingungen in der Gesellschaft teilzunehmen, während ökologische Verantwortung die Verpflichtung beinhaltet, die natürlichen Ressourcen zu schützen und zu erhalten und deren Wert anzuerkennen.

2.2 Dimensionen der Verantwortung

Um die soziale, ökologische und ökonomische Entwicklung unserer Gesellschaft später positiv mitgestalten zu können, ist es essenziell, dass Menschen aktiv Verantwortung übernehmen. Die Frage der Verantwortung stellt sich zudem, wenn es darum geht, strukturelle Ungerechtigkeiten, die von Systemen und Strukturen ausgehen zu bekämpfen. Marion Young (2010) fordert diesbezüglich eine neue Art des Denkens ein, die die Vernetzung von Individuen und Gemeinschaften berücksichtigt, um unsere Verantwortung für andere zu verstehen, unabhängig davon, „wer" wir sind oder „wo" wir leben. Dazu benötigt es eine „Bereitschaft und Befähigung, soziale Beziehungen zu leben und zu gestalten, Zuwendungen und Spannungen zu erfassen und zu verstehen sowie sich mit Anderen rational und verantwortungsbewusst auseinander zu setzen und zu verständigen" (Horn & Adick, 2012, S. 237). Die gesellschaftliche oder soziale Verantwortung ist Teil dieser Haltung und die Übernahme von Verantwortung für eine Gesellschaft kann unterschiedliche Formen annehmen. Sie ist mit jener Rolle verbunden, die Menschen in ihrem Umfeld einnehmen.

2.2.1 Welche Verantwortung in welcher Rolle?

Als Teil eines großen gesellschaftlichen Systems nimmt die Lehrperson verschiedene Rollen ein, die wiederum durch spezifische Anforderungen, z. B. einer Multikulturalität, einer Heterogenität, oder durch andere Sozialisationsbedingungen einer Gesellschaft beeinflusst werden. In ihrer Rolle schlüpft die Lehrperson in die Expert:innenrolle ebenso wie in die Berater:innenrolle oder Beurteiler:innenrolle etc. Rollenmuster und Handlungsschemata werden übernommen und die Lehrperson übernimmt Verantwortung für ihr Handeln. Mit den Formen der Verantwortungsübernahme im Alltagshandeln von Lehrpersonen befasst sich Hinzke (2019). In seiner rekonstruktiven Studie zeigen sich über Interviews unterschiedliche Formen von Verantwortungsübernahmen im Lehrer:innenhandeln, die

Verantwortung für Schüler:innen, für geteiltes Wissen und eine Verantwortung gegenüber sich selbst. Er bezeichnet diese als „Formen handlungspraktischer Verantwortungsübernahme im Lehreralltag“ (Hinzke, 2019, S. 150) und begründet seine Aussage damit, dass sie sich von anderen Systematisierungen differenzieren.

Aus der Soziologie stammt der Hinweis, dass Verantwortung stark mit der jeweiligen Position oder Rolle einhergeht. „Die Zuschreibung an eine Position oder Rolle, deren Aufgabenspektrum durch einen erheblichen Handlungsspielraum und entsprechende selbständige Entscheidungszumutungen sowie hohes Folgenrisiko gekennzeichnet ist“ (Kaufmann, 1989, S. 214–215). Damit wird der Begriff Verantwortung im Hinblick auf seine Relationen (siehe 2.1.1) noch einmal erweitert. Verantwortung bedeutet damit, dass jemand (z. B. Person als Verantwortungssubjekt), für etwas (z. B. eine Handlung), gegenüber jemanden (z. B. einen Adressaten), vor jemanden (z. B. einer Instanz), in Bezug auf etwas (z. B. normatives Kriterium, im Rahmen eines Handlungsbereiches) verantwortlich ist (Lenk & Maring, 1992).

Doch welche Verantwortung ist darunter zu verstehen? In dieser Arbeit geht es nicht um die Verantwortung gegenüber dem „professionellen Selbst“, um eigenverantwortlich die beruflichen Anforderungen zu erfüllen. Es geht auch nicht um die Verantwortung, den Unterricht und Schule erfolgreich zu gestalten oder die Verantwortung gegenüber traditionellen gesellschaftlichen Anforderungen (z. B. Qualifikation/Berechtigung, Selektion, Integration). Vielmehr geht es um eine soziale Verantwortung, den gesellschaftlichen Auftrag größer zu denken und sich in die Rolle der Lehrperson mit individuellen Stärken einzubringen und zu engagieren, um einen aktiven Beitrag für das Wohlergehen von Menschen und der Umwelt zu leisten (siehe 2.1.3.) Das moralische Handeln von Lehrpersonen rückt damit stärker in den Mittelpunkt. Als Multiplikator:in beeinflusst die Lehrperson über dieses Handeln (Aarnio-Linnanvuori, 2019) die Lernenden auch im Verantwortungslernen.

2.2.2 Welche individuelle Verantwortung lässt sich daraus ableiten?

Gesellschaftliche Verantwortung zu übernehmen, bedeutet, Zusammenhänge zu verstehen, um gesellschaftliche Bedarfe zu erkennen sowie entsprechend darauf zu reagieren. Aber was hat das mit der Person selbst zu tun? Welche individuelle Verantwortung lässt sich daraus ableiten, damit jenes angestrebte gemeinschaftliche Zusammenleben umgesetzt werden kann, das eingangs beschrieben wurde (siehe Punkt 1)?

Olsen, Miller, Eitel und Cohn (2020), die eine Interventionsstudie zum Verständnis für sozial-ökologische Systeme von Lehrer:innen überprüften, zeigen in ihren Ergebnissen, dass 94 Lehrer:innen von Wissenslücken zu sozial-ökologischen Systemen (z. B. zu nachhaltigen Umweltverhalten) berichten und sich dies für die Entwicklung von Schüler:innen zu Umweltbürger:innen als hinderlich einschätzen lässt. Die Studie zeigt, dass Workshops in der Lehrer:innenfortbildung die den Ansatz des Abenteuerlernens verfolgen, dahin gehend erfolgversprechend eingesetzt werden können und Wissenslücken schließen können.

Zu einem relevanten Ergebnis gelangt Aarnio-Linnanvuori (2019) in ihrer Studie zu den Wahrnehmungen von 13 umweltbewussten finnischen Lehrer:innen in Bezug auf die Verantwortung für die Umwelt. Sie zeigt, dass die Individualisierung der Verantwortung die Bildungsmöglichkeiten auch einschränken kann. Die Aussagen von Lehrpersonen konnten von der Autorin zunächst in vier Kategorien von Verantwortung zugeteilt werden. Verantwortung als Bewusstsein, als Beziehung zur Natur, als Verantwortung im privaten Bereich und als Teil einer aktiven Bürger:innenschaft. Die Lehrpersonen erkannten die bedeutende Rolle von Werten und Überzeugungen für ein verantwortungsbewusstes Handeln und zeigten viel Wissen über verschiedene Möglichkeiten, sich aktiv einzubringen. Dennoch wurde ein Spannungsfeld zwischen einer individuellen Verantwortung sowie einer kollektiven ökologischen Verantwortung aufgezeigt. Die Bedeutung der individuellen Verantwortung von Lernenden wurden von Lehrpersonen relativiert, obwohl in den Kerncurricula seit 2014 ökosoziales Wissen und Können aufgenommen wurde und Lernende dahin gehend ausgebildet werden, soziale und ökologische Informationen auf verschiedene Weltsituationen anzuwenden. Die Lehrpersonen sahen größeres Potenzial in strukturellen Möglichkeiten und Optionen an Schulen. Die Bedeutung eines umweltrelevanten Verhaltens wird erkannt, aber Handlungsspielräume werden als gering wahrgenommen (Aarnio-Linnanvuori, 2019).

2.3 Verantwortungsbewusstsein als Auftrag an Pädagog:innen

Verantwortungsbewusstsein kann als Fähigkeit erachtet werden, Verantwortung für eigene Handlungen und Entscheidungen zu übernehmen und dabei die Auswirkungen auf andere und das Gemeinwohl zu berücksichtigen. Dieses Verantwortungsbewusstsein zeigt sich für Pädagog:innen als Auftrag ihrer professionellen Rolle, Verantwortungsbewusstsein bei ihren Schüler:innen zu fördern und zu entwickeln. Basis für die Unterrichts- und Erziehungsarbeit von Lehrpersonen bieten Curricula, die den Lehrpersonen Ziele vorgeben, als Orientierung dienen sowie Schul- und Unterrichtsqualität intendieren. Wirft man einen genaueren Blick auf den Lehrplan für Volksschulen (Bundesministerium für Unterricht, Kunst und Kultur, 2012), also für jene Schulen, auf die sich Lehramtsstudierende der Primarstufenausbildung in ihrer beruflichen Praxis später als Multiplikator:innen selbst beziehen, fällt auf, dass das Wort „verantwortungsbewusst" häufig in den Ausformulierungen von Zielen verwendet wird. Allen voran wird vom Bundesministerium für Unterricht, Kunst und Kultur (2012, S. 9) als allgemeines Bildungsziel formuliert, dass Lehrpersonen verantwortungsbewusste Bürger:innen heranbilden sollen, die an der Gesellschaft teilhaben und im Sinne einer freiheits- und friedensliebenden Menschheit an gemeinsamen Aufgaben mitwirken können. Darüber hinaus ist zu lesen:

> Humanität, Solidarität, Toleranz, Frieden, Gerechtigkeit und Umweltbewusstsein sind tragende und handlungsleitende Werte in unserer Gesellschaft. Auf ihrer Grundlage soll jene Weltoffenheit entwickelt werden, die vom Verständnis für die existenziellen Probleme der Menschheit und von Mitverantwortung getragen ist. Dabei hat der Unterricht aktiv zu einer den Menschenrechten verpflichteten Demokratie beizutragen sowie Urteils- und Kritikfähigkeit, Entscheidungs- und Handlungskompetenzen zu fördern (Bundesministerium für Unterricht, Kunst und Kultur, 2012, S. 7).

Der hier formulierte Bildungs- und Erziehungsauftrag für eine „Mitverantwortung" ist wenig präzise und wird von Volksschullehrpersonen eigenständig und selbstverantwortlich, ihrem Berufsethos folgend, mit entsprechend pädagogischer und didaktischer Freiheit umgesetzt. Er ist ähnlich unverbindlich wie das von der UNESCO (2022) formulierte Ziel, das zudem eine nachhaltige Entwicklung einfordert und sich ebenso an Lehrende richtet.

> By 2030, ensure all learners acquire the knowledge and skills needed to promote sustainable development, including, among others, through education for sustainable development and sustainable lifestyles, human rights, gender equality, promotion of a culture of peace and non-violence, global citizenship, and appreciation of cultural diversity and of culture's contribution to sustainable development. (UNESCO, 2022, S. 4)

Aktuellen Berichten der Mitliedstaaten (2017–2020) zufolge bilden sich Ziele wie Bildung für eine Nachhaltige Entwicklung (BNE) und Global Citizenship Education (GCED) zunehmend stärker in Lehrplänen von Schulen ab, während sie in der Lehrer:innenbildung lediglich allgemein bearbeitet werden (UNESCO, 2022). Um Lehramtsstudierende als Multiplikator:innen darauf vorzubereiten, ist es jedoch erforderlich, dass entsprechende Curricula auch in der Ausbildung zur Verfügung stehen. Die Association of American Colleges and Universities (AAC&U) formuliert dafür die Forderung, „Personal and Social Responsibility, including civic knowledge and engagement – local and global, intercultural knowledge and competence, ethical reasoning and action and foundations and skills for lifelong learning anchored through active involvement with diverse communities and real-world challenges" als bedeutendes Lernziel für Studierende in den Fokus zu nehmen (AAC&U, 2008, S. 3).

Die Übernahme von Verantwortung für die Gesellschaft und Umwelt, um eine humanere, inklusivere und auch nachhaltigere Welt zu unterstützen, kann unterschiedliche Formen (Barrett & Pachi, 2019) annehmen. Häufig zeigt sich, dass Lehrende die Themen stärker indirekt und damit theoretisch in den Unterricht aufnehmen (Aarnio-Linnanvuori, 2019). Eine Möglichkeit bietet sich in pädagogischen Handlungsfeldern, wenn Lehrpersonen im gemeinsamen Lernen mit der Lerngruppe Lernanlässe und Lernräume ermöglichen, in denen Erfahrungen im realen Feld stattfinden können und Lösungen für zivilgesellschaftliche Probleme gefunden werden. Dabei wird zunächst ein realer Bedarf erkannt, um entsprechend darauf reagieren zu können. Die Umsetzung von Verantwortungsprojekten kann individuell oder im Team erfolgen, wodurch Synergieeffekte wirksam werden können. Überdies können Projekte curricular eingebunden oder extracurricular stattfinden. Für Sliwka (2004, S. 5) geht es dabei nicht um die Idee einer „sozialen Wohlfahrt", sondern um die „Reziprozität in den Dingen des Gemeinwohls", nachdem ein demokratisches Zusammenleben nicht nur Rechte, sondern auch Pflichten mit sich bringt und eine gegenseitige Verantwortungsübernahme für eine tragfähige Basis vorauszusetzen ist. Erfolgreich ist Lernen durch gesellschaftliche Verantwortung insbesondere, wenn sich Verbindungen zu Fachinhalten herstellen lassen. Wenn akademisches Lernen mit praktischen Erfahrungen und Reflexion verbunden und eigene Stärken (Geier, Schober & Niederreiter, 2018) eingesetzt werden können (siehe Handlungsfelder und handlungsorientierte Ansätze unter Punkt 2.5).

2.3.1 Verantwortung und die zukünftige Lehrer:innenrolle

Die soziologische Sichtweise (siehe 2.1 und 2.5) zeigt auf, dass Verantwortung nicht nur als Wissen oder Zuschreibung von Fähigkeiten verstanden werden muss, sondern sich stark auf eine Position bzw. eine Rolle (Kaufmann, 1989) bezieht, die jemand einnimmt. Auch in der Profession der Lehrperson kommt Verantwortung in verschiedenen Ebenen ein großer Stellenwert zu. Dabei zeigt sich, dass die Definition des Begriffes von unterschiedlichen Forschungstraditionen der Lehrer:innenprofessionalität stark mitbestimmt wird. In der soziologischen Professionsforschung (Zlatkin-Troitschanskaia, Kuhn & Brückner, 2013) etwa nimmt die Lehrperson auf verschiedenen Ebenen gegenüber den Lernenden eine spezifische Verantwortung ein (z. B. in Bezug auf einen inklusiven Unterricht, in Bezug auf die Individualisierung im Unterricht etc.). In der Expertiseforschung hingegen wird der Blick weniger auf soziale Strukturen, sondern auf kognitive Vorrausetzungen gelenkt und die Kompetenzforschung fokussiert stark auf individuelle Voraussetzungen. Um gesellschaftliche Verantwortung in der Rolle der Lehrperson umsetzen zu können, sind nach Zlatkin-Troitschanskaia, Kuhn und Brückner (2013) neben dem Expert:innenwissen und nicht kognitiven Kompetenzen (z. B. soziale Kompetenzen, Reflexivität, Empathie, Kooperationsfähigkeit, kommunikative Kompetenz etc.) darüber hinaus Überzeugungen, Haltungen sowie eine entsprechende Bereitschaft nötig.

Die Anforderungen und Erwartungen an Lehrpersonen vonseiten der Gesellschaft sind eindeutig hoch einzuschätzen, zumal sie äußerst komplex und vielfältig sind (Nieskens, 2016) und sich abhängig von gesellschaftlichen Entwicklungen (z. B. digitale Revolution, Flüchtlingsströme, Klimawandel, Pandemiebewältigung etc.) permanent verändern. Insbesondere kulturelle Umwelten wirken durch Normen und Werte auf Lehrpersonen ein. So erwartet man von Lehrpersonen nicht nur, dass sie jede Schulreform freudig mittragen, Rechts- und Verwaltungsvorschriften und Konferenzbeschlüsse umsetzen, sondern dass sie auch konkrete Lösungen auf (gesellschaftliche) Probleme (z. B. Umgang mit Flucht, Migration, Heterogenität, Gewalt, Pandemie u.v.m.) finden bzw. hier unterstützend wirksam werden.

Inwieweit Lehrpersonen auf einer individuellen Ebene (Kaufmann, 1992) oder stellvertretend für die Schule, dem Bildungsträger, dem Staat oder gegenüber anderen gesellschaftlichen Maximen (Drahmann & Cramer, 2019) Verantwortung übernehmen, ist nicht geklärt. Bereits „in einer soziologischen Sichtweise zeichnet sich die Professionalität von Lehrenden durch eine spezifische Verantwortungsübernahme gegenüber dem Lernenden und der Gesellschaft auf verschiedenen systemischen Ebenen" (Zlatkin-Troitschanskaia et al., 2013) ab. Beispielsweise spricht man bei Lehrpersonen auch von einer moralischen Verantwortung gegenüber den Lernenden, etwa weil die Lehrperson über ihr moralisches Handeln oder moralische Überzeugungen wirksam werden und damit Lernende beeinflussen kann. Überdies zeigt sich auch eine Doppelanforderung hinsichtlich

Entscheidungen (Hinzke, 2019), die Lehrende stellvertretend für Lernende treffen und begründen müssen.

Aufgrund ihrer Funktion in einem öffentlichen Amt bzw. im öffentlichen Dienst sehen sich Lehrpersonen grundsätzlich in einer besonderen Verantwortung gegenüber der Gesellschaft. Dabei wird davon ausgegangen, dass sich Lehrpersonen zu einem „professionellen Selbst" entwickeln, Kompetenzen, Ziele und Handlungsrepertoire verbinden und entsprechend einem empirisch-wissenschaftlichen Habitus eigene Handlungen begründen und reflektieren (Bauer, 1998). Als Lehrperson bestimmen sie nicht nur Ziele für den Unterricht, sie entscheiden zudem, in welcher Tiefe und Detailliertheit sie Inhalte umsetzen, sowie über den Kontext oder die Wahl der Methode, mit der diese Ziele planmäßig erreicht werden und tragen Verantwortung in Bezug auf die Qualität ihrer Arbeit. Standards für die Professionalisierung von Lehrpersonen oder Lehramtsstudierenden (Pädagogische Hochschule Zug, 2020) sind nicht verpflichtend vorgesehen, ebenso wenig wie eine begleitende Evaluation der beruflichen Tätigkeit. Die Professionalisierung der Lehrperson erfolgt über die Ausbildung sowie über praktische Erfahrungen und die Reflexion. Verantwortung und Kompetenzen sind in jedem Fall zentrale Begriffe und schaffen eine Verbindung zum berufsspezifischen Ethos und der Professionalisierung von Lehrpersonen.

Verschiedene Ansätze zur Professionalisierung (Cramer; Helsper, 2016; König, 2018) weisen alle auf die Bedeutung des berufsspezifischen Ethos hin, wo der Verantwortungsbegriff stark verankert ist. Hier zeigt sich etwa, dass sich der Begriff nicht nur aus unterschiedlichen Perspektiven betrachten lässt, sondern ebenso im Bereich einer „berufsethischen Verantwortung"[7] wahrgenommen wird und dies auch sehr unterschiedlich passiert, wie eine Studie von Kleemann (2018) aufzeigt, in der Studierende Verantwortung bezogen auf verschiedene Situationen unterschiedlich wahrnehmen, was aus Sicht der Autorin „für eine Situationsspezifität von berufsethischer Reflexion spricht" (Kleemann, 2018, S. 1).

Überhaupt wird der Begriff „Berufsethos" selbst sehr unterschiedlich definiert (Drahmann & Cramer, 2019). Eine Begriffsbestimmung laut Harder (2014, S. 136) hebt beispielsweise die „berufsspezifischen Wertmaßstäbe und berufsethischen Regelungen auf der Individual- und Kollektivebene" hervor. Kuhl, Julius, Schwer, Christina und Solzbacher (2014, S. 107) sehen darin eine Haltung, die ein „Muster von Einstellungen, Werten, Überzeugungen [darstellt], das

[7] „Die Gesamtheit der Wertvorstellungen und Erwartungen, mit denen die Angehörigen eines Berufes ihr berufliches Verhalten kontrollieren" (Klimke, Lautmann, Stäheli, Weischer & Wienold, 2020, S. 83).

durch einen authentischen Selbstbezug und objektive Selbstkompetenz zustande kommt". Forster-Heinzer (2015) geht von einem pädagogischen Ethos aus, wenn sie in ihrer Studie aufzeigt, dass der Ethos-Wert mit der pädagogischen Verantwortung korreliert. Hier lässt sich zudem der Bogen von einer pädagogischen Verantwortung zu einer pädagogischen Freiheit schlagen, der gleichermaßen viel Spielraum für erziehungs- und bildungswissenschaftliche Aspekte ermöglicht, wie auch pädagogische Verantwortung mit schulrechtlichen Aspekten in Zusammenhang bringt. Pädagogische Freiheit sowie pädagogische Verantwortung sind damit zusammen zu denken und wiederum eng verknüpft mit der Selbst- und Eigenverantwortung der Person (Hugo, 2019)[8].

Die mannigfachen Zugänge zum Verantwortungsbegriff ergeben unterschiedliche Verbindungen des Begriffes zu weiteren, berufsrelevanten Begriffen. Verschiedene Bereiche und unterschiedliche Perspektiven werfen dabei neue Aspekte auf und führen zu Begriffserweiterungen bzw. lassen den Begriff kontextspezifisch neu aufleben und deuten. So existieren verschiedene Konzepte, die den Begriff Verantwortung im Zusammenhang mit Lehrpersonen aufgreifen, diesen allerdings nicht ansatzübergreifend definieren. Drahmann und Cramer (2019) erklären damit ebenfalls das Rekurrieren des Verantwortungsbegriffes als Aspekt von Professionalität im Lehrberuf im Kontext von Werten und fordern, den Begriff stärker empirisch aufzugreifen bzw. ihn im Zuge des Berufsethos oder der beruflichen Ethik zu definieren.

Der Begriff Verantwortung und Lehrer:innenrolle ist damit nicht einfach zu fassen. Zum einen tritt er in der Rolle der Lehrperson in verschiedenen Bereichen auf (siehe auch 2.1.1) und zum anderen muss er innerhalb dieser Bereiche wiederum mehrperspektivisch betrachtet werden und ist überdies situationsspezifisch unterschiedlich konnotiert. Drahmann und Cramer (2019, S. 20) resümieren, dass Verantwortung in der Rolle der Lehrperson zumindest in einer „doppelten Dimensionalität" der Verantwortung zu fassen ist: zum einen die Lehrperson als Individuum mit ihren eigenen Überzeugungen und Werthaltungen und zum anderen, über die berufliche Verbundenheit im institutionellen Handeln. Implizit ist zudem davon auszugehen, dass diese beiden Rollen ineinander verschmelzen und eins werden können. Verantwortung kann damit als ein Merkmal einer Person ebenso verstanden werden, wie als Merkmal von Positionen oder Rollen. Somit kann sich ein individuelles Handeln auch zu einem sozialen Handeln entwickeln.

Dies zeigt sich in Abbildung 2.2, in der der Verantwortungsbegriff und die Interaktion zwischen Umwelt und Person unabhängig von der Lehrer:innenrolle

[8] Siehe auch Punkt 2.2.2.

sehr deutlich dargestellt wird, ebenso wie der gegenseitige Einfluss auf das individuelle und kollektive Handeln.

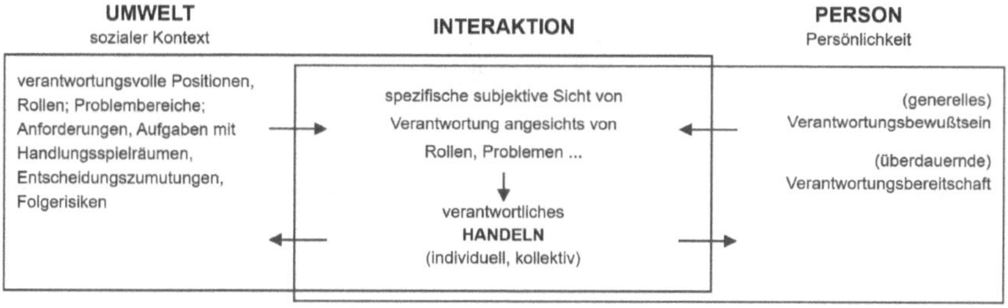

Abbildung 2.2 Spezifisch subjektive Sicht auf Verantwortung – Eigene Darstellung in Anlehnung an Hoff, n. d., Tab. Verantwortung

Hoff (n. d., Tab. Verantwortung) stellt dar, dass die subjektive Sicht auf Verantwortung von beiden Seiten beeinflusst wird. Eine persönlichkeitsbedingte überdauernde Verantwortungsbereitschaft sowie ein generelles Verantwortungsbewusstsein wirken ebenso darauf ein wie der soziale Kontext, der diese Person in der spezifischen Situation von außen beeinflusst. Hinzu kommt, dass ein daraus folgendes individuelles oder kollektives Handeln wiederum wechselseitig auf die Person bzw. auf die Umwelt wirksam wird. Diesbezüglich eröffnen sich auch unterschiedliche Handlungsfelder, die im Folgenden beleuchtet werden sollen.

2.4 Bildungskonzepte für Verantwortung für Gesellschaft und Umwelt

Nach den aufgezeigten Perspektiven auf den Verantwortungsbegriff, dem Einblick in die verschiedenen Dimensionen von Verantwortung und der Frage, welche Verantwortung in welcher Rolle und wie das Verantwortungsbewusstsein als Pädagogin oder Pädagoge verstanden werden kann, werden in diesem Unterkapitel Bildungskonzepte und Bildungsansätze vorgestellt. Dabei handelt es sich um Vorstellungen darüber, wie Bildung organisiert und gestaltet werden kann, um bestimmte Ziele zu erreichen. Diese Ziele können unterschiedlich sein und beinhalten beispielsweise die Vermittlung von Wissen sowie Fähigkeiten, die Entwicklung von Persönlichkeiten oder die Förderung von sozialer Verantwortung. Die hier vorgestellten Bildungskonzepte und -ansätze beziehen sich auf jene Ideen und Strategien, die es sich zum Ziel setzen, die Verantwortung der Gesellschaft für die Bildung ihrer Bürger:innen in den Vordergrund zu rücken.

Dieses Ziel lässt sich in unterschiedlicher Weise unterstützen. Etwa, wenn der Schwerpunkt auf eine qualitativ hochwertige Bildung für alle gelegt wird, wenn soziale Gerechtigkeit, die Friedenserziehung oder menschenrechtsbasierte Bildung im Vordergrund stehen, ebenso wenn in der Bildung Inklusion adressiert wird oder über die Unterstützung von Bildung für eine Stärkung der Demokratie. Mochizuki (2019, S. 88) fordert daher ein „Redefine the purposes of schooling to get at the fundamental challenges associated with promoting peace, sustainability, and global citizenship through education". Er schlägt vor, die Ziele schulischer Bildung neu zu definieren, um die grundlegenden Herausforderungen zu bewältigen, und betont die zentrale Rolle von Bildungseinrichtungen bei der Förderung von Teilhabe und der Erhöhung von Bewusstsein. Denn, wie es Emery und Purser (1996, S. 97) zum Ausdruck bringen: „Democracy cannot be taught, it only can be learned". Beispielhaft sollen im Folgenden einige dieser Bildungskonzepte kurz vorgestellt werden. Sie können Lehrpersonen in ihrer Arbeit maßgeblich unterstützen, indem sie über diese Konzepte und Ansätze die Thematik gesellschaftliche Verantwortung umfassend aufgreifen.

2.4.1 Bildung für eine Nachhaltige Entwicklung (BNE)

Ein bekanntes Konzept ist **Bildung für eine Nachhaltige Entwicklung (BNE)**. Es zielt darauf ab, Menschen zu ermutigen, um jene Werte hochzuhalten, die ein konsequentes und proaktives Handeln unterstützen (The International Organization for Standardization (ISO) and the Organisation for Economic Co-operation and Development, 2016). BNE geht vorwiegend der Frage nach, welchen Beitrag die Bildung für eine nachhaltige Entwicklung leisten kann. Über dieses Bildungskonzept werden vor allem Einstellungen, Werte und Fähigkeiten vermittelt, die eine nachhaltige Entwicklung erfordert, um heutigen und zukünftigen Herausforderungen adäquat begegnen zu können. Das Konzept erweist sich zudem als unterstützend und richtungsweisend für tiefgehende Auseinandersetzungen zu Fragen der sozialen Verantwortung. Es möchte Menschen auf allen Ebenen des Bildungssystems (vom Kinderkarten bis zur Hochschule) über essenzielle Aspekte nachhaltiger Entwicklung informieren und sie dazu motivieren, eigene Entscheidungen sowie eigenes Handeln entsprechend verantwortungsbewusst auszurichten. Nachhaltigkeit meint hier die Verpflichtung, die sozialen, ökologischen und wirtschaftlichen Aspekte unserer Gesellschaft im Sinne einer Verbesserung und Veränderung zu berücksichtigen.

Der Umweltschutz ist ebenso ein Hauptanliegen wie soziale Gerechtigkeit und eine nachhaltige Wirtschaft. Dafür ist es wesentlich, dass die Menschen das erforderliche Wissen bereitgestellt bekommen und ihre Entscheidungen entsprechend einer nachhaltigen Nutzung von Ressourcen treffen können. Eine nachhaltige Entwicklung bedeutet damit, den Bedürfnissen von heute zu entsprechen, ohne die Chancen nachkommender Generationen zu gefährden (The International Organization for Standardization (ISO) and the Organisation for Economic Co-operation and Development, 2016). BNE kann als integraler und unverzichtbarer Bestandteil für sämtliche Bildungssysteme und Lebensbereiche gelten.

Diese Ziele verfolgt auch das **Konzept der Nachhaltigkeit,** das einen allgemeinen Rahmen darstellt und nicht nur fokussiert auf Bildungssysteme ist. Es nimmt so wie BNE in den Fokus, dass wir unsere Entscheidungen und Handlungen darauf ausrichten, dass zukünftige Generationen ebenso in Bezug auf Ressourcen und Umwelt gleiche Möglichkeiten nützen können. Zu unterscheiden ist dabei zwischen einer schwachen sowie einer starken Nachhaltigkeit.

Während in der schwachen Nachhaltigkeit Natur als Ressource betrachtet wird, die zugleich Kapital darstellt (Novy, Bärnthaler & Heimerl, 2020) und als austauschbar angesehen wird, erkennt man in der starken Nachhaltigkeit den Eigenwert der Natur (Daly, 2005), ähnlich wie es Jonas (1979) vor vielen Jahrzehnten einmahnt, wenn er der Natur eigene Interessen, Ziele und Werte zuspricht. In der starken Nachhaltigkeit zeigt die Natur den wirtschaftlichen Interessen eindeutige, ökologische Grenzen auf, da sie auf hoch komplexen, ineinander eingebetteten und keinesfalls austauschbaren Ökosystemen beruht (Daly, 2005). Im Diskussionspapier „Globales Lernen als transformative Bildung für eine zukunftsfähige Entwicklung“ des entwicklungspolitischen Dachverbandes VENRO – Verband Entwicklungspolitik deutscher Nichtregierungsorganisationen (2014) wird diesbezüglich die Sorge beschrieben, dass die Bemühungen um Nachhaltigkeit aufgrund technologischer Entwicklungen, Finanzmärkte, dem Wettbewerb und Konsum zunehmend untergraben werden, auch wenn das Leitbild der nachhaltigen Entwicklung in Bildungsprozessen nach wie vor Orientierung bietet und sich an den vier Zieldimensionen „wirtschaftliche Leistungsfähigkeit“, „soziale Gerechtigkeit“, „ökologische Verträglichkeit“ und „demokratische Politikgestaltung“ orientiert (2014, S. 9–10).

Im Bildungskontext bedeutet BNE, dass Lernende erfahren, wie sie über ihr eigenes Verhalten zu einer nachhaltigen Entwicklung im Sinne einer starken Nachhaltigkeit (Daly, 2005) beitragen können. Dies gelingt, wenn z. B. die 17 Nachhaltigkeitsziele der Vereinten Nationen (SDG's der United Nations, 2015) fachbereichsübergreifend bearbeitet werden oder sich zentrale BNE-Themen beispielsweise projektbasiert in den Unterricht integrieren lassen.

2.4.2 Global Citizenship Education (GCE)

Eine weitere Möglichkeit für die Umsetzung und Erreichung von Zielen bietet der Bildungsansatz Global Citizenship Education (GCE), der als Bildungsstrategie auch in Form eines Universitätslehrgangs an der Alpen-Adria-Universität Klagenfurt vermittelt wird. Damit steht es Lehrpersonen als theoretisches Konzept als auch als „praktisches Programm zur Umsetzung in Schule, Jugendarbeit und Erwachsenenbildung" (Wintersteiner, Grobbauer, Diendorfer & Reitmair-Juárez, 2015, S. 4) zur Verfügung und greift auf einen ganzheitlichen und interdisziplinären Ansatz zurück. Diesen Ansatz, der „von entwicklungspolitischer Bildung und Globalem Lernen über Friedenspädagogik, Menschenrechtsbildung, politischer und interkultureller Bildung bis hin zu Bildung für Nachhaltige Entwicklung" (Grobbauer, 2016, S. 18) verschiedene Konzepte vereint, versteht Grobbauer als „transformative politische Bildung" (Lang-Wojtasik et al., 2019, S. 13). Der Ansatz zielt darauf ab, dass sich Menschen als globale Bürger:innen einer Weltgemeinschaft verstehen, sich der Probleme und Komplexität globaler Herausforderungen annehmen, die sich in diesem Zusammenhang ergeben und sich aktiv und verantwortungsbewusst für eine gerechtere und friedlichere Welt einsetzen (Wintersteiner et al., 2015). Um dies zu erreichen, benötigt es Kenntnisse und Fähigkeiten, wie das Verstehen der Komplexität von globalen Herausforderungen (z. B. Klimawandels, Armut, soziale Ungerechtigkeit etc.), sowohl ein kritisches, analytisches als auch ein interkulturelles Denken sowie ein lösungsorientiertes Arbeiten.

Eng verbunden mit Global Citizenship Education ist das **Konzept Globales Lernen,** das speziell auf die Integration von globalen Perspektiven im Bildungsprozess fokussiert. Es bezieht sich ebenso auf die Vermittlung von Wissen, Fähigkeiten und Einstellungen, die für ein verantwortungsvolles Handeln im globalen Kontext erforderlich sind, und „integriert entwicklungsbezogene, sozial- und friedenspolitische sowie ökologische Fragestellungen und postuliert lokale Aktivitäten im Kontext weltpolitischer Verantwortung" (Horn & Adick, 2012, S. 105). Speziell in einer verstärkten Diskussion über soziale Ungerechtigkeit und globale Probleme (z. B. Klimakrise, Flucht, Migration etc.) möchte dieses Konzept den Blick auf das Ganze richten sowie die Selbstverantwortung und Selbstbestimmung im Umgang mit sozialer Verantwortung zentral positionieren.

Aus dem vorgestellten Konzept Global Citizenship Education (GCE) lässt sich auch eine individuelle Verantwortung entsprechend der unter Punkt 2.1.3 vorgestellten Definition ableiten, sich als aktiver und verantwortungsbewusster Bürger in einer globalisierten Welt zu verstehen, sich mit globalen Herausforderungen wie Armut, Ungerechtigkeit und Umweltproblemen auseinandersetzen und sich für eine nachhaltige Zukunft einsetzen zu können. Dies schließt auch die Verantwortung für die eigene Rolle in der Weltgemeinschaft, für Verstehen der Komplexität von globalen Herausforderungen und ein kritisches, analytisches sowie interkulturelles Denken sowie lösungsorientiertes Arbeiten ein. Es geht darum, sich mit globalen Perspektiven im Bildungsprozess zu beschäftigen und die Selbstverantwortung und Selbstbestimmung im Umgang mit sozialer Verantwortung zu stärken.

Diese individuelle Verantwortung bezieht sich auf verschiedene Aspekte:

Verantwortung als aktiver und verantwortungsbewusster Bürgerin und Bürger in einer globalisierten Welt: GCE zielt darauf ab, dass Menschen sich als globale Bürger:innen einer Weltgemeinschaft verstehen und sich aktiv und verantwortungsbewusst für eine gerechtere und friedlichere Welt einsetzen. Dies erfordert ein Verstehen der Komplexität von globalen Herausforderungen und die Fähigkeit, sich mit diesen Herausforderungen auseinandersetzen zu können.

Verantwortung für das eigene Denken und Handeln: GCE fördert ein kritisches, analytisches und interkulturelles Denken sowie ein lösungsorientiertes Arbeiten. Dies erfordert die Fähigkeit, eigene Überzeugungen und Werte zu hinterfragen und zu verändern, um eine gerechtere und nachhaltigere Welt zu schaffen.

Verantwortung für die eigene Rolle in der Weltgemeinschaft: GCE betont die Verantwortung für die eigene Rolle in der Weltgemeinschaft und die Verantwortung, sich für Veränderungen einzusetzen. Es erfordert die Fähigkeit, eigene Handlungen und Entscheidungen im Kontext globaler Herausforderungen zu reflektieren und Verantwortung für die Auswirkungen dieser Handlungen zu übernehmen.

Verantwortung für die Integration von globalen Perspektiven im Bildungsprozess: GCE ist eng mit dem Konzept Globales Lernen verbunden,

2.4.3 Transformative Bildung – Transformatives Lernen

Ein in den letzten Jahren verstärkt aufgetauchtes Konzept ist das **Konzept Transformative Bildung**, das über kritisches Denken sowie Hinterfragen eigener Werte und Perspektiven Lernende dazu anregt, die eigenen Denkweisen und Weltbilder zu überdenken. Es beabsichtigt, auf einer gesellschaftlichen Ebene Veränderungen zu initiieren, die notwendig sind, um eine gerechtere und inklusivere Gesellschaft zu unterstützen. Der Begriff der „Transformation" ist laut Mezirow (1978–2012) eng mit der Sinnfrage verbunden, wenn „personale Veränderung, die Mündigkeit, die Selbstbestimmung und die Persönlichkeitsbildung" (Wiesner & Prieler,

2020, S. 2) in den Vordergrund rücken. Bildung positioniert sich im Zentrum dieses Konzeptes, um Menschen in ihren Fähigkeiten und Stärken zu fördern, sodass sie sich aktiv in die Gestaltung ihres Lebens und von Gemeinschaften einbringen können. Es geht darum, Lernende zu befähigen, ihre Perspektiven, und ihre Werte kritisch zu hinterfragen, um neue Wege des Denkens und des Handelns zu fördern, die eine nachhaltigere und gerechtere Welt unterstützen (Mezirow, 1997). Dies erfolgt vorwiegend über partizipative und demokratische Bildungsprozesse, an denen sich die Lernenden beteiligen. Bereits die „Agenda 2030", die als transformative Agenda die Welt verändern soll, indem sie die globalen Herausforderungen der Gegenwart und Zukunft angeht und nachhaltige Lösungen für diese Herausforderungen entwickelt, läuft unter dem Titel „Transforming our World" und adressiert die globalen Herausforderungen in den Bereichen Armut, Gesundheit, Bildung, Klimawandel, Biodiversität und vielen anderen Themen (Grobbauer, 2016). Das Anliegen einer transformativen Bildung gibt es damit schon länger und wird seit März 2017 auch über den Fachbeirat „Transformative Bildung/Global Citizenship Education" von der Österreichischen UNESCO-Kommission unterstützt, um speziell die Bildungsagenda 2030 (United Nations, 2015, Sustainable Development Goals, SDGs) zu forcieren und Empfehlungen für die Umsetzung von entsprechenden Maßnahmen und Projekten auszuarbeiten.

Dieser Richtung folgt ebenfalls das **Konzept des Transformativen Lernens**, das auf individuelle Lernprozesse fokussiert, um Veränderungsprozesse zu initiieren. Ziel ist, ebenso wie bei der Transformativen Bildung, dass eigene Denkgewohnheiten und Bedeutungsperspektiven offener und auch emotional veränderbarer werden (Mezirow, 1997). Mezirow, der Begründer der Theorie des Transformativen Lernens, formuliert es so: „Such frames of reference are better than others because they are more likely to generate beliefs and opinions that will prove more true or justified to guide action" (Mezirow, 2003, S. 58–59). Mezirow (1997) beschreibt dafür drei Phasen. Zunächst findet in der „Dekonstruktion", die Auseinandersetzung mit dem Problem statt, bevor es bei der „Rekonstruktion" zur kritischen Reflexion kommt, die zu neuen Perspektiven führt. In der „Integration" erfolgen schließlich die Auflösung des anfänglichen Problems und die Eingliederung in die eigenen Sichtweisen (Mezirow, 1997). Edmund O'Sullivan (2002) sieht im Transformativen Lernen eine Chance, soziale und ökologische Probleme nachhaltig zu lösen, nachdem mentale Strukturen über ein Loslassen und Verlernen zu nachhaltigen Verhaltensweisen führen sowie eine Veränderung der „sozialisierten Sichtweisen und eingeschliffenen Routinen" (Schneidewind & Singer-Brodowski, 2013, S. 229) bewirken können.

Im Bildungskontext bedeutet „Transformative Bildung", dass Ansätze wie z. B. problembasiertes Lernen in den Unterricht aufgenommen werden, sodass sich Lernende aktiv an der Lösung realer Probleme beteiligen. Ein weiterer Zugang ist über die Förderung von Empathie und sozialer Verantwortung denkbar, indem Lernende dazu angeregt werden, sich in Projekten zu engagieren und mit sozialen und gesellschaftlichen Fragen zu befassen. Bildung wird in diesem Konzept zum Treiber für soziale, politische und wirtschaftliche Veränderungen, um Herausforderungen wie z. B. Klimawandel, Armut oder Ungleichheit wirksam anzugehen. Dies gelingt nicht durch reine Wissenserweiterung, sondern indem eigene Selbst- und Weltbilder grundlegend und kritisch hinterfragt werden (Mezirow, 1997).

Transformative Bildung geht damit über die bloße Vermittlung von Wissen und Fähigkeiten hinaus und zielt darauf ab, Lernende zu befähigen, deren Umwelt aktiv zu gestalten und ihre eigenen Werte und Überzeugungen kritisch zu reflektieren. Diese Bildungsform soll dazu beitragen, dass Schüler:innen ihre persönliche und soziale Entwicklung fördern und ihr Potenzial voll entfalten können.

2.4.4 Zusammenfassung und kritische Perspektiven auf die vorgestellten Bildungskonzepte

Die hier vorgestellten Konzepte Bildung für nachhaltige Entwicklung (BNE), Global Citizenship Education (GCE) sowie Transformative Bildung basieren auf unterschiedlichen Theorien und konzentrieren sich auf verschiedene Aspekte des Lernens und der Bildung. Allen gemeinsam ist, dass sie zu einer gerechteren und nachhaltigeren Welt beitragen und sich mit der Frage der Verantwortung intensiv auseinandersetzen. Dies gelingt in den verschiedenen Ansätzen mit unterschiedlichen Schwerpunkten. Im Konzept Bildung für eine nachhaltige Entwicklung (BNE) liegt der Schwerpunkt darauf, Lernenden das Konzept der Nachhaltigkeit zu vermitteln sowie ihnen Fähigkeiten und Werte mitzugeben, die im Umgang mit Herausforderungen einer globalen Welt wichtig sind.

Der Bildungsansatz Global Citizenship Education möchte, dass sich Bürger:innen als aktive Weltbürger:innen verstehen (Grobbauer, 2016; Wintersteiner et al., 2015) und legt den Schwerpunkt auf die Vermittlung von Wissen, auf kritisches Denken, die interkulturelle Kompetenz sowie ein Problem-Lösungs-Denken, um zu einem umfassenden Verständnis für globale Prozesse zu gelangen und sich mit unterschiedlichen Perspektiven (z. B. Perspektive des globalen Südens, Postkolonialismus, u.v.m.) auseinanderzusetzen. Der Ansatz fokussiert auf Werte, Demokratie und Menschenrechte ausgehend von einer Haltung, die von Verantwortung geprägt ist für die Welt und Menschen, die in ihr leben.

Im Konzept Transformative Bildung liegt der Schwerpunkt darauf, problematische Bezugsrahmen wie Denkgewohnheiten, Mindsets etc. durch kritische Reflexion zu hinterfragen sowie ein Bewusstsein für Bezugsrahmen zu schaffen (Mezirow, 1997). Durch das Aushandeln von Zielen kann es in diesem Ansatz gelingen, Lernenden die erforderlichen Kenntnisse, Fähigkeiten und Einstellungen zu vermitteln, um ihre Umwelt aktiv mitzugestalten, offener und inklusiver zu machen.

Im Hinblick auf die Rolle der individuellen Verantwortung die unter Punkt 2.1.3 vorgestellt wird, zeigt sich, dass sie auf unterschiedliche Weise verstanden werden kann. Die Definition „Verantwortung für Gesellschaft und Umwelt" bezieht sich auf den Beitrag, den jeder Einzelne leisten kann, um eine nachhaltige Entwicklung zu fördern, die sowohl dem Wohl der Gesellschaft als auch der Umwelt entspricht. Dies ist in Verbindung mit den Konzepten Bildung für nachhaltige Entwicklung (BNE), Global Citizenship Education (GCE) und Transformatives Lernen zu bringen, da alle drei Ansätze darauf abzielen, Lernende dazu zu befähigen, Verantwortung für die eigene Rolle in der Welt und für die Zukunft zu übernehmen und sich bewusst für eine nachhaltigere und gerechtere Welt einzusetzen.

Im Bildungskonzept BNE geht es darum, Lernende auf die Herausforderungen der Zukunft vorzubereiten und ihnen die Fähigkeiten zu vermitteln, die sie benötigen, um nachhaltige Entscheidungen zu treffen und sich für eine nachhaltige Zukunft einzusetzen. Dies schließt auch die Verantwortung für die eigene Umwelt und die Umwelt anderer ein, sowie die Verantwortung, die eigene Lebensweise und Konsumgewohnheiten zu hinterfragen und zu ändern, um einen positiven Beitrag zu einer nachhaltigen Zukunft zu leisten.

Im Bildungskonzept GCE liegt der Fokus darauf, Lernende dazu zu ermutigen, sich mit globalen Herausforderungen wie Armut, Ungerechtigkeit und Umweltproblemen auseinanderzusetzen und sich für eine nachhaltige Zukunft einsetzen zu können. Dies schließt auch die Verantwortung für die eigene Rolle als aktiver und verantwortungsbewusster Bürger:innen in einer globalisierten Welt ein, sowie die Verantwortung, sich mit unterschiedlichen Perspektiven auseinandersetzen und kritisch über die eigenen Werte und Überzeugungen nachzudenken.

Beim Transformativen Lernen werden Lernende dazu ermutigt, ihre Werte, Überzeugungen und Handlungen zu hinterfragen und zu verändern, um eine gerechtere und nachhaltigere Welt zu schaffen. Dies schließt auch die Verantwortung für die eigene Rolle in der Gesellschaft und die Verantwortung, sich für Veränderungen einzusetzen, sowie die Verantwortung, ihre eigenen Bezugsrahmen und Denkgewohnheiten zu hinterfragen und zu verändern.

Insgesamt geht es in allen drei Konzepten darum, Lernende zu befähigen, Verantwortung für ihre eigene Rolle in der Welt und für die Zukunft zu übernehmen und sich bewusst für eine nachhaltigere und gerechtere Welt einzusetzen.

Aus der Definition „Verantwortung für Gesellschaft und Umwelt" (siehe 2.1.3) lässt sich daher die individuelle Verantwortung ableiten, ethisch und transparent zu handeln und einen freiwilligen aktiven Beitrag zu leisten, um eine nachhaltige Entwicklung zu fördern, die sowohl dem Wohl der Gesellschaft als auch der Umwelt entspricht. Das bedeutet, dass jeder Einzelne sich seiner eigenen Stärken entsprechend engagieren sollte, um einen positiven Beitrag zu leisten.

Dies kann durch die Veränderung der eigenen Lebensweise und Konsumgewohnheiten erfolgen, sich mit globalen Herausforderungen auseinandersetzen und sich für eine nachhaltige Zukunft einsetzen, sowie sich mit unterschiedlichen Perspektiven auseinandersetzen und kritisch über die eigenen Werte und Überzeugungen nachzudenken. Es geht darum, die eigene Rolle in der Gesellschaft und die Verantwortung für die Zukunft bewusst zu reflektieren und zu handeln.

Doch, so wünschenswert das verfolgte Ziel ist, über die vorgestellten Bildungskonzepte und Bildungsansätze zu einer gerechteren und nachhaltigeren Welt beizutragen, werden diese Bildungstrategien dennoch kontroversiell diskutiert. Die damit verbundenen Begriffe wie Globalisierung, Globalität, Nachhaltigkeit, Gerechtigkeit und Citizenship werden in jüngster Zeit kritisch hinterfragt, insbesondere aus einer postkolonialen Perspektive (Abdi, 2015; Abdi, Shultz & Pillay, 2015). Eine solche Perspektive betont die historischen Machtverhältnisse und Ungerechtigkeiten, die durch Kolonialismus und Imperialismus entstanden sind und bis heute Auswirkungen haben. Darüber hinaus wird aus bildungswissenschaftlicher Sicht kritisch betrachtet, dass Konzepte und Ansätze wie BNE, GCE oder Transformative Bildung kaum integraler Bestandteil von Curricula sind, sondern abhängig von verschiedenen Faktoren wie der Haltung und dem Engagement der Lehrenden sowie den zur Verfügung stehenden Strukturen an Bildungsinstitutionen zum Einsatz kommen. Wesentlich ist es weiters, im Auge zu behalten, dass solche Bildungsansätze und -konzepte von politischer Seite nicht instrumentalisiert werden, um bestimmte politische Agenden zu vermitteln. Diesbezüglich ist es essenziell, dass nicht bestimmte Ideologien, sondern eine Mehrperspektivität an Meinungen zugelassen wird. Diese Mehrperspektivität erweist sich als notwendig, um sicherzustellen, dass solche Ansätze und Konzepte nicht bestehende Machtungleichheiten reproduzieren, indem sie bestimmte Perspektiven (z. B. eurozentristische Perspektive bzw. Perspektive des globalen Nordens) bevorzugen.

Zentral zu betrachten ist, dass über solche Konzepte und Ansätze nicht die Verantwortung der Politik auf die Gesellschaft oder auf Einzelne abgeschoben wird und sie nicht benutzt werden, um von negativen Auswirkungen eigener Initiativen abzulenken. Dies gilt auch im Kontext von Wirtschaftstreibenden, die sich trotz unvereinbarer Eigeninteressen häufig solchen Konzepten aus Marketinggründen anschließen und damit zur „Verwässerung" von Begrifflichkeiten beitragen.

Diese Gedanken zeigen, dass sicherzustellen ist, dass Bildungsansätze und Bildungskonzepte wie Bildung für nachhaltige Entwicklung (BNE), Global Citizenship Education (GCE) oder Transformative Bildung nicht falsch benutzt werden, sondern tatsächlich für die Förderung von Nachhaltigkeit und Global Citizenship zum Einsatz kommen und dass sie sicherstellen, dass die Konzepte die Perspektiven und Erfahrungen möglichst aller Menschen berücksichtigen. Damit das gelingen kann, ist es wichtig, dass unterschiedliche Perspektiven, zivilgesellschaftliche Partner (Community Partners, NGOs etc.) in Entwicklungsprozesse dieser Bildungsinitiativen von Beginn an miteinbezogen werden. Dies trägt zudem zu einer Stärkung der demokratischen Kultur bei, in der die gesellschaftliche Verantwortung eine maßgebliche Stütze darstellt.

2.5 Gesellschaftliche Verantwortung als Stütze einer demokratischen Kultur

Die Übernahme gesellschaftlicher Verantwortung geht zurück auf John Dewey (1927), für den direkte Partizipation aller Bürger:innen an demokratischen Prozessen im Vordergrund stand. Partizipation als aktive Teilhabe ist dabei ein wesentlicher Grundpfeiler der Demokratie als Lebensform, in der man als freie Bürgerin bzw. als freier Bürger sein Entscheidungs- und Beschlussrecht über entsprechende Vertretungsorgane (Klimke et al., 2020) wahrnehmen kann. Wesentlich für eine Demokratie sind u. a. die „Anerkennung von Menschenrechten und Verwirklichungschancen für Alle" (Grobbauer, 2017b, S. 4). Teilhaben sowie die Übernahme gesellschaftlicher Verantwortung erweisen sich als wesentlich für die Weiterentwicklung einer Gesellschaft. Sengupta, Blessinger und Mahoney (2020, S. 6) sehen in der Integration von Konzepten gesellschaftlicher Verantwortung und Nachhaltigkeit sogar eine Kernaufgabe um Integrität, Zielstrebigkeit und Vertrauen in einer Gesellschaft zu erreichen. Um solche Ziele zu ermöglichen, benötigt es eine Bildung und Hochschulbildung, die sich den

Herausforderungen unserer Zeit stellen und transformative Formate[9] aufgreifen, wie sie oben vorgestellt werden und mit einem tiefgreifenden Wandel auf eine nachhaltige Zukunft vorbereiten.

Mit solchen Konzepten eng verbunden ist eine Kultur der Demokratie (Council of Europe, 2016), die sich auf die Werte, Normen und Praktiken bezieht, die das Funktionieren einer demokratischen Gesellschaft unterstützen und fördern. Dazu gehören insbesondere die Anerkennung und Umsetzung von Freiheit, Gerechtigkeit und Gleichheit. In Bezug auf gesellschaftliche Verantwortung bedeutet dies, dass die Bürger:innen an der Gestaltung ihrer Gesellschaft teilhaben sowie Verantwortung für das Wohl der Gemeinschaft übernehmen. Dies lässt sich

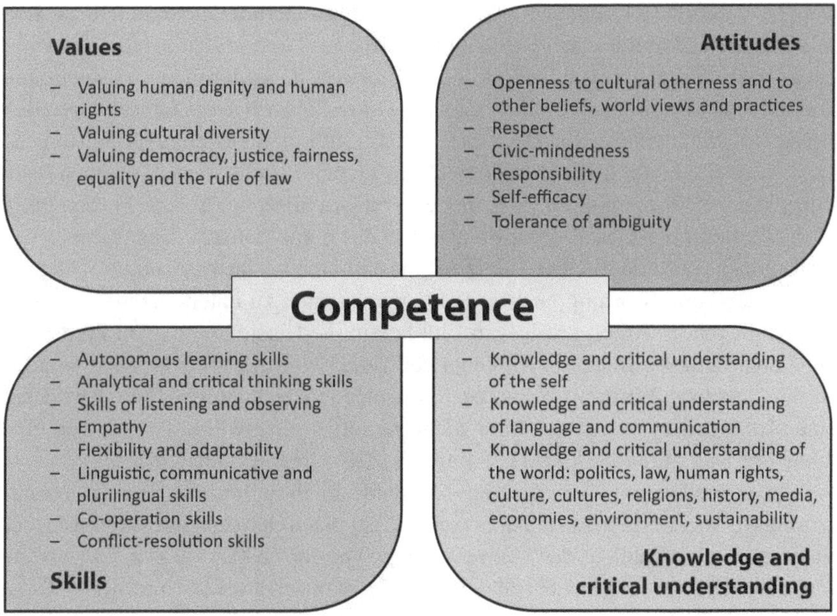

Abbildung 2.3 Kompetenzmodell des Europarates für eine demokratische Kultur – © Council of Europe (Council of Europe, 2016, S. 11)

[9] Transformative Formate beziehen sich auf Methoden, Strategien und Ansätze, die dazu beitragen, die Gesellschaft zu verändern und zu verbessern. Sie zielen darauf ab, problematische Denk- und Verhaltensmuster von Individuen und Gruppen zu verändern (Mezirow, 1997), um eine nachhaltige Entwicklung und ein gerechteres Zusammenleben zu ermöglichen.

durch aktive Beteiligung an politischen Entscheidungsprozessen und durch das Engagement in verschiedenen Bereichen der Gesellschaft, wie beispielsweise im Bildungs- oder Umweltbereich, erreichen. Eine Kultur der Demokratie (Council of Europe, 2016) setzt voraus, dass die Menschen ihre Verantwortung gegenüber der Gesellschaft ernst nehmen und sich aktiv an ihrem Zusammenleben beteiligen.

Das in Abbildung 2.3 dargestellte Kompetenzmodell des Europarates für eine demokratische Kultur (Council of Europe, 2016, S. 11), ist stark allgemein gehalten und es wird kritisiert, dass es nicht ausreichend auf die Bedürfnisse und Werte verschiedener Kulturen ausgerichtet ist. Die Bedeutung von Demokratie unterscheidet sich in verschiedenen Ländern und Kulturen und die „Auseinandersetzung mit der Entwicklung von Demokratie wird meist in einem nationalen Rahmen geführt" (Grobbauer, 2017a, S. 4). Bei Demokratie handelt es sich um ein äußerst komplexes, vielschichtiges Konzept und es hängt von verschiedenen Faktoren ab, einschließlich der historischen, kulturellen, sozialen und ökonomischen Bedingungen eines Landes. Dieses Modell zeigt ein sehr westlich orientiertes Verständnis von Demokratie, das „entkolonialisierten Forderungen" (Lang-Wojtasik et al., 2019, S. 42) nicht ausreichend nachkommt. Dennoch kann es über die vier Prinzipien als Basismodell und Orientierung für eine Vorbereitung auf die Rolle in der Gesellschaft dienen, um das demokratische Engagement von Bürger:innen zu stärken sowie Partizipation und einen selbstbestimmten Umgang mit sozialer Verantwortung auch in Bildungssystemen zu unterstützen.

In vorliegender Arbeit erfolgt ein Einblick in die Einstellungen von Studierenden. Dabei wird der Blick auf die Sicht der Verantwortungsrolle der Studierenden gerichtet, welche Einstellung sie zu ihren eigenen Handlungen und Absichten zeigen bzw. inwieweit sie aus ihrer Sicht verantwortungsvoll agieren sowie eine Kultur der Demokratie (Council of Europe, 2016) thematisiert wird.

Eng verbunden mit dem Auftrag, Lernende in ihrer Entwicklung zu verantwortungsvollen Bürger:innen zu begleiten, ist die unterstützende Funktion der Lehrperson im Hinblick der Wertebildung (Werner, 2002), wie z. B. soziale Werte, die ebenso in den Lehrplänen (Bundesministerium für Unterricht, Kunst und Kultur, 2012) angesprochen wird, auf die aus Platzgründen in dieser Arbeit nicht näher eingegangen werden kann. Um einer gesellschaftlichen Verantwortung gerecht zu werden sowie eine demokratische Kultur zu stärken, existieren verschiedene Handlungsfelder und handlungsorientierte Ansätze, die wir in Betracht ziehen können. Exemplarisch sollen einige vorgestellt werden.

Handlungsfelder und handlungsorientierte Ansätze

Hochschulen und Universitäten haben neben ihren traditionellen Aufgaben in Lehre und Forschung auch die Verantwortung, ihre Studierenden darin zu unterstützen, sich aktiv in die Gesellschaft einzubringen (Third Mission – siehe Kapitel 1). Dies lässt sich über verschiedene Lehr- und Lernformen erreichen, die exemplarisch nachfolgend kurz vorgestellt werden. Verantwortung für zentrale gesellschaftliche Werte und Ziele zu übernehmen, kann keinesfalls in der Theorie erlernt werden. Hier braucht es Gelegenheiten und Möglichkeiten, eigene Erfahrungen zivilgesellschaftlichen Verantwortungsbewusstseins reflektieren zu können. In realen Situationen können soziale und kognitive Fähigkeiten (weiter)entwickelt oder gefestigt werden.

Reflektierte Erfahrungen fördern zudem „nicht nur das Verständnis sozialer Interdependenz, sondern [tragen] auch zur Schaffung gesellschaftlicher Vernetzung und damit zur Stabilisierung des sozialen Zusammenhalts und der Solidarität bei" (Sliwka, 2004, S. 6). Wirkungen zeigen sich begleitend zum Verantwortungslernen in der Selbstwirksamkeit (Faber, 2017; Sliwka, 2004; Weiler, LaGoy, Crane & Rovner, 1998), vor allem, wenn die Bedeutung der Tätigkeit mit eigenen Zielen übereinstimmt, in einem erhöhten Selbstwertgefühl, im Abbau von Stereotypen über Minderheiten bzw. im Verständnis für andere Kulturen (Melchior & Orr, 1995; Scales, Blyth, Berkas & Kielsmeier, 2000) sowie in einem erhöhten sozialen Verantwortungsbewusstsein (Furco, 2002; Johnson & Notah, 1999; Melchior & Orr, 1995; Weiler et al., 1998). Ebenso können Effekte in der sozio-moralischen Entwicklung (Scales et al., 2000) auftreten. Auch hierfür erweist es sich als wesentlich, dass Tätigkeiten als bedeutungsvoll eingeschätzt werden oder mit individuellen Zielsetzungen verbunden sind. Ausgangspunkt und Unterstützung für Lehrpersonen kann das Bildungskonzept „The Education 2030 Conceptual Learning Framework" (Organization for Economic Co-operation and Development [OECD], 2016) darstellen, das von der UNESCO entwickelt wurde, um komplexe Ideen zu verbinden und die Bedeutung von Nachhaltigkeit, der Menschenrechte, von Frieden sowie die Förderung von Toleranz und das Verständnis zwischen verschiedenen Kulturen zu verstehen.

Abbildung 2.4 zeigt einen Ausschnitt des Konzeptes, das Lernziele auflistet, wie konzeptuelles Lernen gefördert werden kann und die Themen Nachhaltigkeit, Global Citizenship, Menschenrechte und Frieden in den Unterricht integriert werden können. Insbesondere gelingt dies über die Zusammenarbeit mit der Zivilgesellschaft, wenn als praxisorientierter Ansatz Lerngelegenheiten ermöglicht werden, sich mit veränderten sozial-ökologischen Herausforderungen zu befassen und lösungsorientiert zu handeln. Konzepte wie *Critical Service-Learning* (Mitchell, 2007) oder *Active-Citizenship Learning* (Geier et al., 2018) unterstützen

3. Education for Sustainable Development (UN SDG 4.7) - UNESCO Section of Education for Sustainable Development and Global Citizenship

Knowledge			Skills			Attitudes & Values
Disciplinary / learning areas	**Inter-disciplinary / cross curricular**	**Practical**	**Cognitive & meta-cognitive**	**Social & emotional**	**Physical & practical**	
All subject areas can be entry points for interdisciplinary learning on ESD	• Understanding Sustainable development • Understanding the causes and impact of climate change • Understanding and importance of biodiversity • Knowledge of sustainable production and consumption cycles • Knowledge of sustainable lifestyles • Understanding the causes of natural disasters and measures for disaster risk reduction	• Knowledge of sustainable practices in different disciplines: architecture, design, agriculture, urbanism, etc. • Knowledge needed to engage in a green economy • Knowledge for civic engagement	• Systemic thinking and handling of complexity • Anticipatory thinking • Critical thinking • Interdisciplinary thinking • Strategic thinking • Normative and evaluative thinking	• Self-awareness • Acting fairly and ecologically • Collaboration • Cooperation in (heterogeneous) groups • Participation in political processes • Change of perspective • Communication and use of media • Tolerating ambiguity and uncertainty	• Planning and realising innovative projects • Skills for sustainable practices in different disciplines: architecture, design, agriculture, urbanism, etc. • Skills needed to engage in a green economy • Skills for civic engagement	• Responsibility for future generations • Appreciation and respect for the planet • Respect for other knowledge systems • Appreciation of diversity • Empathy for and solidarity with the disadvantaged • Care for the common good

EDU/EDPC/RD(2016)38

Abbildung 2.4 Framework for Sustainable Development Goals – Eigene Darstellung in Anlehnung an OECD, 2016, S. 39

Empathie durch gesellschaftliche Teilhabe, zivilgesellschaftliches Engagement sowie Verantwortungsübernahme und schaffen über eine Sensibilisierung ein verändertes Bewusstsein für gesellschaftliche und ökologische Bedarfe.

Critical Service-Learning (CSL)

Bei der kritischen Service-Learning-Pädagogik, wie von Mitchell (2007) vorgeschlagen, handelt es sich um eine Lehr- und Lernmethode, die Service-Learning mit dem Fokus verbindet, Lernende zu befähigen, die sozialen und politischen Strukturen, die ihr Leben und ihre Gemeinden prägen, herauszufordern und zu verändern. Diese verbindet „Service-Learning und Bildung für soziale Gerechtigkeit, indem sie Studenten in sinnvolle Dienste in der Gemeinschaft einbindet und diese Erfahrung mit einer durchdachten Einführung, Analyse und Diskussion verbindet von Themen, die für das Verständnis sozialer Gerechtigkeit wichtig sind" (Mitchell, 2007, S. 101). CSL ist damit jene Form von Service-Learning (SL), bei der Lernende durch die Arbeit an gemeinnützigen Projekten ihr Wissen und ihre Fähigkeiten vertiefen, anwenden und reflektieren. Anders als beim traditionellen SL liegt der Fokus auf der Analyse sowie dem Verstehen jener Strukturen und Prozesse, die zu sozialen Problemen beitragen.

Ziel ist daher, Lernende zu befähigen, sich mit sozialen Problemen und ihren Ursachen kritisch zu beschäftigen und sich dafür einzusetzen, Veränderungen herbeizuführen. Wesentlich hierfür sind ein Perspektivenwechsel und Empathie, um soziale Probleme zu verstehen und zu einer gerechteren Gesellschaft beitragen zu können. Critical Service-Learning findet häufig in Lehrkontexten an Hochschulen oder Universitäten statt, sodass akademisches Lernen mit Lernerfahrungen im Gemeinwesen über Projekte verbunden werden.

Active-Citizenship Learning (ACL)

Ähnlich wie CSL hat auch ACL das Ziel, Lernende zu befähigen, sich kritisch mit gesellschaftlichen Problemen auseinanderzusetzen wenngleich sich ACL auf die Förderung von „Active Citizenship" konzentriert und darauf abzielt, sich als aktive Bürger:innen zu engagieren sowie gesellschaftliche Verantwortung wahrzunehmen (Geier & Hasager, 2020). Es geht darum, wirksam zu werden und sich aktiv entsprechend einem gesellschaftlichen Bedarf über eigene Projekte und in Kooperation mit gemeinnützigen Organisationen in sozialen, kulturellen oder ökologischen Feldern der Gesellschaft und dem Gemeinwesen einzubringen, und beabsichtigt im Einklang mit den Menschenrechten das Ziel, die Lernenden zu einem vertieften Demokratieverständnis im Sinne einer demokratischen Bürger:innengesellschaft zu befähigen (Geier et al., 2018). „Durch die Ausweitung der Lernräume, verbunden mit der Reflexion der gesammelten Erfahrungen, erfolgt eine Erweiterung jener Kompetenzen, die zu einem professionellen Lehrer:innenhabitus maßgeblich beitragen" (Geier et al., 2018, S. 155–156). Diese Form des Lernens wird derzeit an der Pädagogischen Hochschule Salzburg umgesetzt. Hier zeigt sich, dass durch das Einbringen eigener Projekte in gesellschaftlich relevanten Kontexten die Selbstverantwortung gestärkt wird und es zu einem Perspektivenwechsel durch das Kennenlernen anderer Lebenswelten kommt.

ACL spielt eine bedeutende Rolle bei der Förderung von Nachhaltigkeit, indem Projekte umgesetzt werden, die eine integrative und gerechte Bildungsqualität in den Blick nehmen und das Konzept der Nachhaltigkeit und sozialer Verantwortung in Richtung einer gerechteren Weltordnung verfolgen. Über Active-Citizenship Learning kann es gelingen, dass Studierende Verantwortung für mehr als nur den eigenen sozialen und lokalen Kontext übernehmen.

Dass handlungsorientierte Ansätze insgesamt sehr erfolgreich sein können zeigt u. a. die Studie von Gregorová und Heinzová (2019). Studierende erreichen in den Subskalen „verantwortungsvolles Handeln" sowie „globale Verantwortung" signifikant höhere Werte nach der Absolvierung von Service-Learning Kursen. Zu ähnlichen Ergebnissen gelangt auch die anfangs zitierte Studie von Geier und Hasager (2020), in der 150 Studierende über Fragebögen und in Fokusgruppen in ihrer Haltung zum sozialen Miteinander und sozialem Engagement befragt wurden. Studierende, die an entsprechenden Lerngelegenheiten (Service-Learning Projekten oder Active-Citizenship Learning Projekten) teilgenommen haben, sorgen sich um die Rechte und das Wohlergehen anderer, z. B. benachteiligter Menschen in der Gemeinschaft. Darüber hinaus fühlen sie sich verpflichtet, die mit ihrer Rolle in der Gesellschaft verbundene Verantwortung zu erfüllen, und sehen es als ihre Bürger:innenpflicht an, zu Lösungen beizutragen.

Die Formen zivilgesellschaftlichen und politischen Engagements (Barrett & Pachi, 2019) können stark variieren. Ob im Gemeinwesen oder im Lebensumfeld der Schulgemeinde, ein Einsatz erfolgt meist aus sozialer Verantwortung (Aarnio-Linnanvuori, 2019) und eher seltener aus einem aktuellen gesellschaftlichen Bedarf heraus (Horn & Adick, 2012, S. 216) bzw. im Interesse der Beteiligten. Gesellschaftliche Teilhabe in Form von Engagement oder Service-Erfahrungen ermöglicht jedoch Begegnungen, kommunikative Anlässe und kooperative Zusammenarbeit mit verschiedenen Menschen und Gesellschaftsschichten, die einander sonst nicht begegnen. Empirische Forschungen belegen zudem, dass Beteiligte eine positivere Einschätzung gegenüber einer pluralistischen Gesellschaft zeigen und zur Nachhaltigkeit beitragen (Geier & Hasager, 2023). Beispielsweise durch die Stärkung des sozialen Zusammenhalts in der

Gemeinschaft, den Schutz der Umwelt oder die Verbesserung der Lebensqualität von Menschen. Auch Grobbauer stellt im Diskurs über eine einzunehmende „globale Verantwortung“ die Forderung auf, „Bildungsangebote zu entwickeln, die Kontroversen und Diskurse aufgreifen, Dilemmata aufzeigen und Analyse-, Urteils- und Reflexionskompetenzen fördern. Es gilt Denk- und Diskursräume zu öffnen, Lehr- und Lernsettings zu entwickeln, die im Mikrokosmos von Lerngemeinschaften das Erforschen, Erproben und Einüben einer solidarischen Weltgesellschaft“ (Grobbauer, 2016, S. 22) unterstützen.

Verschiedene repräsentative internationale Meta-Analysen zur Wirksamkeit und Wirkungsbedingungen von Service-Learning (Celio, Durlak & Dymnicki, 2011; Conway, Amel & Gerwien, 2009; Yorio & Ye, 2012) belegen, dass bei Lerngelegenheiten in denen Lernende Verantwortung übernehmen und sich aktiv in die Gesellschaft einbringen können, sich diese Lernenden in ihren Einstellungen als auch in ihren sozialen Kompetenzen und Fähigkeiten im Vergleich zu Kontrollgruppen unterscheiden. Wirkungen müssen allerdings im engen Zusammenhang mit der didaktischen Qualität betrachtet werden und lassen sich lediglich bedingt auf den deutschsprachigen Bereich umlegen, in dem die Forschung noch sehr jung ist.

3 Empirische Untersuchung

Die bisherigen theoretischen Ausführungen zeigen auf, dass die Rolle der Verantwortung in der Einschätzung von Lehramtsstudierenden differenziert betrachtet werden muss und das Feld der Studierenden dahin gehend noch nicht erschöpfend untersucht werden konnte. Eine empirische Untersuchung zu dieser Thematik erscheint damit äußerst relevant und kann Anhaltspunkte für weitere Forschungs- und Entwicklungsaktivitäten bzw. für hochschuldidaktische Lehr- und Lernkonzepte liefern.

3.1 Forschungsfragen

Ausgehend von der unter 2.1.1 dargestellten Definition sowie den bearbeiteten theoretischen Grundlagen ergeben sich mehrere untersuchungsleitende Fragestellungen, die den Prozess der Erhebung steuern. Sie bilden den Ausgangspunkt für den anschließenden methodischen Teil dieser Arbeit.

Forschungsfragen:

1. Welchen Auftrag sehen Lehramtsstudierende in ihrer gesellschaftlichen Rolle?
2. Wie beschreiben Lehramtsstudierende ihre Verantwortung für Gesellschaft und Umwelt?
3. Welche lokalen sowie globalen Ziele werden angesprochen und als Verantwortung für Gesellschaft und Umwelt wahrgenommen?
4. Wie kann dieses Verständnis aus einer bildungswissenschaftlichen Sicht betrachtet werden?

I. Geier, *Die Verantwortung für Gesellschaft und Umwelt in der Wahrnehmung von zukünftigen Lehrpersonen*, BestMasters,
https://doi.org/10.1007/978-3-658-51403-7_3

Ziel der Untersuchung ist es, die Sichtweisen und Einstellungen der Studierenden zu erfassen, um sie besser zu verstehen und daraus Erkenntnisse für weitere Auseinandersetzungen zu dieser Thematik zu gewinnen sowie die Ergebnisse für die Entwicklung und Implementierung entsprechender hochschulischer Angebote nützen zu können.

3.2 Methodischer Zugang

Im Folgenden wird der methodische Zugang für den empirischen Teil vorgestellt. Nachfolgende Kapitel geben Einblick in das Forschungsdesign, die Forschungsmethode sowie den genauen Ablauf der Datenerhebung. Sie sollen einen transparenten und nachvollziehbaren Forschungsprozess gewährleisten.

3.2.1 Forschungsdesign und Stichprobe

Als Forschungsdesign wird für die Beantwortung der Forschungsfragen ein qualitatives Design gewählt. Dies wird als geeignet erachtet, da die Einstellungen von Lehramtsstudierenden der Primarstufe in ihrer Rolle in der Gesellschaft erhoben und diese beschreibend dargestellt werden sollen. Dem Forschungsdesign entsprechend folgt die qualitative Sozialforschung sehr stark einer „theorieentdeckenden Forschungslogik, wobei das induktive, datengestützte Vorgehen besonders wichtig ist“ (Döring & Bortz, 2016, S. 26). Gegenstand dieser Forschungsarbeit ist die Rekonstruktion der Sichtweisen der Studierenden über einen „sinnverstehenden Zugang“ (Döring & Bortz, 2016, S. 64). Dieser Anspruch der Forschung gelingt dann, wenn diese Sichtweisen detailliert beschrieben und nachvollzogen werden können (Döring & Bortz, 2016). Zugleich ist es wichtig zu beachten, dass der qualitative Forschungsprozess nicht im Vorfeld exakt durchgeplant wird. Ein flexibles Vorgehen ist notwendig, um eine schrittweise Annäherung an den Forschungsgegenstand zu ermöglichen. Dazu ist in Döring und Bortz (2016, S. 66) vom „Prinzip der reflektierten theoretischen Offenheit“ zu lesen. Diese Offenheit soll auch durch die ausgewählte Erhebungsmethode, die Fokusgruppen-Diskussion, ermöglicht werden, die zum Erzählen auffordert sowie ein reichhaltiges Datenrohmaterial generiert. Dabei handelt es sich um eine Offenheit, die bei der Erhebung der Daten, eine größere „Gegenstandsangemessenheit“ und ein „Aufdecken unerwarteter Aspekte“ (Döring & Bortz, 2016, S. 26) erlaubt.

Als Erhebungszeitraum wird das Wintersemester 2021 gewählt. Das erwähnte Semester wird als Präsenzsemester geplant und der Erhebungszeitraum für Oktober bis November vorgesehen. Aufgrund von COVID-19-Maßnahmen wird das Wintersemester 2021 teilweise in Präsenz umgesetzt, sodass die Erhebung der Daten durch Fokusgruppen parallel über das Online-Konferenztool „Zoom“ mitgeplant wird, um bei Bedarf einen reibungslosen Umstieg zu ermöglichen. Für die Auswahl der Stichprobe werden festgelegte Kriterien (z. B. Auswahl eines bestimmten Semesters, Lehramtsstudierende der Primarstufe etc.) herangezogen.

Die Größe der Stichprobe umfasst 58 Personen (n = 58), die sich aus Studierenden des fünften Semesters des Primarstufenstudiums zusammensetzt. Diese Studierenden haben noch keine Erfahrung mit ACL-Projekten (Active-Citizenship Learning Projekten, siehe Kapitel 2.5, Handlungsfelder und handlungsorientierte Ansätze), die im Curriculum im 8. Semester in den Pädagogisch Praktischen Studien verortet sind. Die Studierenden kommen vorwiegend aus dem Bereichen Salzburg-Stadt, Salzburg-Land, Oberösterreich oder dem angrenzenden Bayern. Die Teilnahme an der Fokusgruppe-Diskussion ist freiwillig und wird sämtlichen Studierenden des fünften Semesters angeboten. 50 weibliche sowie 8 männliche Studierende im Alter zwischen 21 und 33 Jahren nützen diese Möglichkeit der Teilnahme.

3.2.2 Erhebungsmethode: Fokusgruppen-Diskussion

Die Datenerhebung erfolgt über die Fokusgruppen-Diskussion (focus group discussion), in der eine halbstrukturierte Gruppendiskussion zu einer bestimmten Thematik im Zentrum der Diskussion steht, zu der sich alle Teilnehmenden der Fokusgruppe äußern. Durch eine empfohlene Teilnehmer:innenzahl von vier bis acht Personen (Döring & Bortz, 2016, S. 380) entsteht üblicherweise eine „Selbstläufigkeit“, die über eine Moderation im Auge behalten wird, sodass die Diskussion nicht vom Thema abschweift bzw. auch die geplanten Leitfragen bearbeitet werden. Überdies erlaubt die Diskussion in einer größeren Gruppe, eine größere Variationsbreite von Sichtweisen zur Thematik zu diskutieren, die über Einzelinterviews nicht zur Verfügung stehen würden.

Der Vorzug der Fokusgruppen-Diskussion liegt wie bei der Gruppendiskussion selbst laut Döring und Bortz vorwiegend in der Natürlichkeit der Gesprächssituation, der Forschungsökonomie, im direkten Aufdecken von Widersprüchen und der Erfassung gemeinsamer Sichtweisen (2016, S. 379). Hinzu kommt, dass aufgrund des qualitativen Forschungsdesigns die Fokusgruppen-Diskussion trotz eingesetzter Leitfragen eine flexible Gestaltung gestattet, beispielsweise kann in der Situation nachgefragt werden bzw. sind Verständnisfragen möglich.

3.2.3 Ablauf der Datenerhebung

In den Fokusgruppen (16 Gruppen/je 3–5 Studierende) diskutieren Studierende – angeregt durch Leitfragen – ihre Rolle im Hinblick auf die Übernahme gesellschaftlicher Verantwortung.

Der Ablauf der Fokusgruppen-Diskussion verläuft nach vier zentralen Phasen (Bohnsack, Przyborski & Schäffer, 2010; Döring & Bortz, 2016), die folgendermaßen beschrieben werden:

1. Planung der Fokusgruppen-Diskussion:
   In der Planungsphase werden für die Durchführung der Diskussionen Überlegungen zur Auswahl des Semesters, des Grundreizes wie zur Zusammensetzung der Gruppen angestellt. Um einen reibungslosen Ablauf zu ermöglichen, werden die Leitfragen zuvor in einer Lehrveranstaltung in einem niedrigeren Semester getestet (Pretest 4. Semester).

   Die Semesterauswahl wird damit begründet, dass die Studierenden ihren Berufswunsch, Lehrperson für die Primarstufe zu werden, bereits gefestigt haben und sich mit dem Berufsbild der Lehrperson sowie der damit einhergehenden Verantwortung bereits intensiv befasst haben. Die Zusammensetzung der Gruppen ergibt sich über die Einteilung der „natürlichen Gruppen einander bekannter Personen" (Döring & Bortz, 2016, S. 381) über die Inskription einer Lehrveranstaltung, nachdem diese Studierenden dasselbe Semester besuchen. Zudem werden in dieser Phase auch Überlegungen für den Einstieg in die Diskussion, die Formulierung der Leitfragen und technische Vorbereitungen eingeplant.

   Für die Formulierung der Leitfragen rücken das Ziel der Forschungsarbeit und die zu diesem Zeitpunkt bereits formulierten Forschungsfragen in den Mittelpunkt. Sie werden aufgrund einer sinnvollen inhaltlichen Systematisierung formuliert, bilden den Rahmen für die Diskussion in den Fokusgruppen und sollen eine Rekonstruktion der Einstellungen dieser Studierenden zu ihrem Auftrag einer Verantwortung für Gesellschaft und Umwelt ermöglichen. Die Erprobung der Leitfragen erfolgt in einer Diskussion mit Studierenden eines Parallelsemesters (Pretest 4. Semester), um ausreichend Rückmeldungen zum Verständnis der Fragen zu erhalten sowie etwaige Umformulierungen vornehmen zu können. Dabei zeigt sich, dass der Begriff „sozio-ökologische" Verantwortung einigen Studierenden nicht bekannt ist. Um den Studierenden mit einem eindeutigeren Begriff zu begegnen, wird die Fragestellung auf „Verantwortung für Gesellschaft und Umwelt" abgeändert.

Folgende sieben Leitfragen werden in den Fokusgruppen-Diskussionen diskutiert:

- Was fällt Ihnen ein, wenn Sie an den Begriff Gesellschaft oder Umwelt denken?
- Was ist Ihnen in einem Miteinander in der Gesellschaft wichtig und warum?
- Was bedeutet es für Sie, lokal zu handeln?
- Was bedeutet es für Sie, global zu denken?
- Was ist Ihnen in Bezug auf die Umwelt wichtig und warum?
- Nehmen Sie einen Auftrag in Ihrer gesellschaftlichen Rolle wahr? Wenn ja, welchen?
- Welche Gedanken kommen Ihnen in den Kopf, wenn Sie folgendes Zitat hören?

  „Wenn wir nicht zuerst für unseren Planeten Erde mit seinen Ökosystemen Sorge tragen, wird es keine Möglichkeit geben, die Gesellschaft zu retten."

2. Durchführung der Fokusgruppen-Diskussion:
   Zu Beginn wird von der Untersuchungsleiterin auf eine angenehme Diskussionsatmosphäre geachtet. Für den Einstieg in die Diskussion wird bewusst eine „niederschwellige" Leitfrage ausgewählt. Die Untersuchungsleitung übernimmt in diesem Ablauf eine moderierende Rolle, der zugleich eine neutrale Haltung zukommt, sie leitet die Diskussion und unterstützt die „Selbstläufigkeit der Diskussion" (Döring & Bortz, 2016, S. 380).
3. Dokumentation der Fokusgruppen-Diskussion:
   Die Audioaufzeichnung der Diskussionen erfolgt über ein 360°-Grad Mikrofon, sodass die Teilnehmenden einander gegenübersitzen können und dennoch alle Stimmen gut erkennbar aufgezeichnet werden.

   Aufgrund der COVID-19 bedingten Umstellung der Präsenzlehre im Herbstsemester 2021 auf Onlinelehre kann dieser Plan lediglich für die drei ersten Fokusgruppen-Diskussion beibehalten werden. Für die weiteren 13 Diskussionen werden Online-Fokusgruppen über die Videokonferenzplattform „Zoom" geplant, die ebenfalls per Audio aufgenommen werden.

   Der Aufzeichnung zeitlich vorangestellt wird den Teilnehmenden (Präsenz oder Online) volle Anonymität zugesichert sowie ihr Einverständnis für die Audioaufnahme eingeholt.
4. Auswertung der Fokusgruppen-Diskussion:
   Für die Analyse der Daten liegt der Fokus auf den in der Diskussion erhobenen Meinungen. Sie werden anhand der Audiodateien für eine computergestützte Analyse vorbereitet. Weder die Gruppendynamik noch der Diskussionsprozess selbst werden in der Transkription der Daten explizit gemacht und

fließen somit nicht ausdrücklich in die Datenauswertung ein. Im Zentrum der späteren Auswertung steht der thematische Gehalt des Gesagten. Die Verschriftlichung (Transkription) sieht dazu nur eine leichte „Glättung“ (z. B. von Wortabbrüchen oder -wiederholungen) des Materials vor.

Als Limitation kann gelten, dass in der qualitativen Sozialforschung die Leitfragen üblicherweise durch Interviewende bzw. den Interviewenden gestellt werden und es dadurch in Bezug auf soziale Erwünschtheit (Döring & Bortz, 2016, S. 362) oder einer gegenseitigen Beeinflussung zu Interview Effekten kommen kann.

3.2.4 Gütekriterien

Hinsichtlich der Güte der Qualität von qualitativer Forschung findet aufgrund wachsender Anerkennung der qualitativen Forschung ein breiter wissenschaftlicher – teils kontroverser – Diskurs (Döring & Bortz, 2016, S. 107–108) statt, anhand welcher Kriterien Studien als qualitätsvoll einzuschätzen sind. Für vorliegende Studie sollen die vier Kriterien der Glaubwürdigkeit von Lincoln und Guba (1985) herangezogen werden. Sie werden in der wissenschaftlichen Fachliteratur für qualitative Forschung am häufigsten zitiert (Döring & Bortz, 2016) und für vorliegende Studie als angemessen erachtet, um die Aussagekräftigkeit der untersuchten Wirklichkeit entsprechend zu stützen.

Lincoln und Guba (1985) bestimmen vier Gütekriterien, die nachfolgend beschrieben werden:

1. Credibility (Vertrauenswürdigkeit)
2. Transferability (Übertragbarkeit)
3. Dependability (Zuverlässigkeit)
4. Confirmability (Bestätigbarkeit)

***Credibility* – Vertrauenswürdigkeit**

Als wesentliches Kriterium für qualitative Forschung nennen Lincoln und Guba (1985, S. 301) „Vertrauenswürdigkeit“. Für die Sicherung dieses Qualitätskriteriums, das sich in der qualitativen Forschung mit der internen Validität vergleichen lässt, empfehlen Schou, Høstrup, Lyngsø, Larsen und Poulsen (2012) verschiedene Techniken wie z. B. eine umfassende Datenerhebung, eine Nachbesprechung der Studie mit Fachkolleg:innen, ein Überdenken von Vorannahmen aufgrund von Gegenbeispielen ebenso wie die Möglichkeit, die Interpretation anhand der Rohdaten zu überprüfen oder eine kommunikative Validierung als Überprüfung der Gültigkeit des Gesagten durch die untersuchten Personen selbst.

Die Einhaltung dieses Kriteriums ist aus Sicht der Autorin vorliegender Studie zum einen über die Anzahl der Fokusgruppen-Diskussionen (16 Diskussionen; n = 58) gegeben, die einen umfassenden Einblick in die Sichtweisen der Studierenden erlaubt, sowie dadurch, dass die gewonnenen Daten als Rohdaten wiederholt der Interpretation gegenübergestellt werden. Als weiterer Beleg wird die Diskussion des Vorhabens in der Planungsphase sowie der durchgeführten Studie im Zuge eines Forschungskolloquiums an der Pädagogischen Hochschule Salzburg vor einem Fachpublikum (Peer Debriefing) angeführt. Überdies wird versucht, den Forschungsprozess so transparent und nachvollziehbar wie möglich zu beschreiben.

Transferability **– Übertragbarkeit**

Als zweites Gütekriterium beschreiben Lincoln und Guba (1985, S. 301) die „Übertragbarkeit", die mit der externen Validität verglichen werden kann. Um diese Übertragbarkeit der Studie auf andere Kontexte zu gewährleisten, empfehlen Schou et al. (2012), dass transparent beschrieben und argumentiert wird, wie und weshalb es zur Auswahl der Stichprobe kommt und in welchem Kontext die Untersuchung stattfindet.

Nachdem die Stichprobe unter Punkt 3.2.1 ausführlich beschrieben ist, sollen an dieser Stelle lediglich die wichtigsten Eckdaten zusammengefasst werden.

Die Stichprobe setzt sich aus insgesamt 58 Studierenden (50 weiblich; 8 männlich) zusammen. Die Möglichkeit der Teilnahme an den Diskussionen wurde allen Studierenden des fünften Semesters unter Zusicherung der Anonymität angeboten. Die Auswahl des Semesters erfolgt dahin gehend, als die Studierenden im fünften Semester das Berufsbild der Lehrperson in Bezug auf ihre Rolle und damit einhergehend auch die hiermit verbundene Verantwortung bereits einschätzen können. Zudem haben die Studierenden zu diesem Zeitpunkt noch keine Erfahrung mit Active-Citizenship Learning Projekten, das im Curriculum der Primarstufenstudierenden an der PH Salzburg im 8. Semester angesiedelt ist.

Dependability **– Zuverlässigkeit**

Als drittes Kriterium nennen Lincoln und Guba (1985) die „Zuverlässigkeit", die in der quantitativen Forschung ebenfalls unter dem Begriff Reliabilität als Gütekriterium angestrebt wird. Als zuverlässig gilt die qualitative Forschung dann, wenn bezüglich der Gestaltung und Durchführung ein nachvollziehbarer Forschungsprozess gewährleistet ist. Damit ist gemeint, dass eine wiederholende Untersuchung unter den gleichen Bedingungen erneut zu den gleichen Ergebnissen kommen würde. Schou et al. (2012) sehen dieses Kriterium als gegeben, wenn das Thema bzw. die Theorie und die erhobenen Daten ein stimmiges

Miteinander ergeben, der Analyseprozess sehr genau dokumentiert wird, die Interpretation durch passende Textstellen unterstützt wird und die Ergebnisse mit den Schlussfolgerungen übereinstimmen.

Ausgehend vom theoretischen Teil sollen in der vorliegenden Studie Kategorien erstellt (deduktiv) werden, die über das Datenmaterial (induktiv) ergänzt werden sodass ein stimmiges Miteinander gewährleistet ist. Besonderes Augenmerk soll auf die Genauigkeit in der Datenanalyse und Dateninterpretation gerichtet werden und dementsprechend charakteristische Textstellen für die Interpretation ausgewählt werden.

3.3 Auswertung durch die inhaltlich-strukturierende Inhaltsanalyse

Nach einer ersten Analyse der 16 Fokusgruppen zeigt sich, dass substanziell gegen Ende der Datenerhebung keine neuen Erkenntnisse mehr gewonnen werden und somit eine sogenannte „theoretische Sättigung“ erreicht ist. Damit wird gemäß einer rekonstruktiven Datenanalyse den Studierenden keine weitere Datenerhebung mehr angeboten und mit der Auswertung der Untersuchung begonnen.

Nachfolgend wird die Auswertungsstrategie genau dargelegt. Es wird nachvollziehbar dokumentiert, wie mit den gewonnenen Daten umgegangen werden soll.

Die Auswertung des Datenmaterials erfolgt über die inhaltlich-strukturierende Inhaltsanalyse laut Kuckartz (2018). Ausgehend von direkten Aussagen der Befragten handelt es sich um ein methodisches Vorgehen, wobei es um die expliziten und impliziten Sinnstrukturen (Sinneinheiten) zum Finden bzw. Ausdifferenzieren konsistenter Überlegungen (Döring & Bortz, 2016) der eigenen Verantwortungsrolle von Studierenden geht. Dabei werden Gemeinsamkeiten sowie Unterschiede innerhalb von Gruppen explizit gemacht. Der Auswertungsprozess geschieht computergestützt über die Software MAXQDA 22 und orientiert sich an den Empfehlungen von Kuckartz und Rädiker (2019) sowie Schulz, Mack und Renn (2012). Dazu werden nach bestimmten Regeln die Audioaufnahmen über die Software F4 transkribiert und im Anschluss in das MAXQDA Programm eingepflegt, um sie später nachvollziehbar analysieren zu können. Der Einsatz der Software MAXQDA für die Analyse von Fokusgruppen eignet sich insofern, als sich die Bildung von Kategorien (deduktiv als auch induktiv) reibungslos umsetzen lässt.

Nach Abschluss der Erhebungen stehen für die Analyse der Daten insgesamt 406 min (= ca. 7 Stunden) transkribierte Aufnahmezeit der Fokusgruppen-Diskussionen (n = 58; siehe Punkt 3.2.1) zur Verfügung, die für die qualitative Methode der Inhaltsanalyse herangezogen werden. Als Vorteil der qualitativen Inhaltsanalyse wird gesehen, dass ein transparentes, nachvollziehbares sowie flexibles Verfahren ermöglicht wird, das zu einer Reduktion der Daten führt. Diese Reduktion der Daten kann insbesondere gelingen, wenn die Analyse systematisch mit einem analytisch gerichteten Blick auf die Forschungsfragen erfolgt. Kuckartz (2018) unterscheidet drei Arten der qualitativen Inhaltsanalyse: die inhaltlich-strukturierende Inhaltsanalyse, die evaluative qualitative Inhaltsanalyse sowie die typenbildende, qualitative Inhaltsanalyse. Nachdem es in vorliegender Arbeit nicht um die Klassifizierung und auch nicht um eine Typenbildung geht, wird die inhaltlich-strukturierende Inhaltsanalyse eingesetzt, die eine inhaltliche und themenorientierte Bearbeitung der Daten vorsieht.

> Kern der inhaltlich-strukturierenden Vorgehensweise ist es, am Material ausgewählte inhaltliche Aspekte zu identifizieren, zu konzeptualisieren und das Material im Hinblick auf solche Aspekte systematisch zu beschreiben – beispielsweise im Hinblick darauf, was zu bestimmten Themen im Rahmen einer Interviewstudie ausgesagt wird. Diese Aspekte bilden zugleich die Struktur des Kategoriensystems; die verschiedenen Themen werden als Kategorien des Kategoriensystems expliziert. (Schreier, 2014, S. 5)

Bei deduktiven Kategorien wird epistemologisch betrachtet vom Allgemeinen auf das Spezielle geschlossen. Solche Kategorien werden anhand der Theorie(n) auf das Datenmaterial angewendet, während induktive Kategorien aus dem Datenmaterial kommen sowie epistemologisch betrachtet vom Speziellen auf das Allgemeine schließen. Dabei lassen sich neue Aspekte, die im Datenmaterial gefunden werden, in ein Kategoriensystem aufnehmen. Typisch für die Arbeit bei der qualitativen Inhaltsanalyse ist ein Wechselspiel, das sich daraus ergibt, dass deduktive Kategorien über neue Aspekte aus dem Datenmaterial ergänzt werden bzw. Subkategorien erstellt werden können. In diesem Prozess kann auch das für die qualitative Forschung so wesentliche Prinzip der Zirkularität und Flexibilität (Döring & Bortz, 2016) gewährleistet werden.

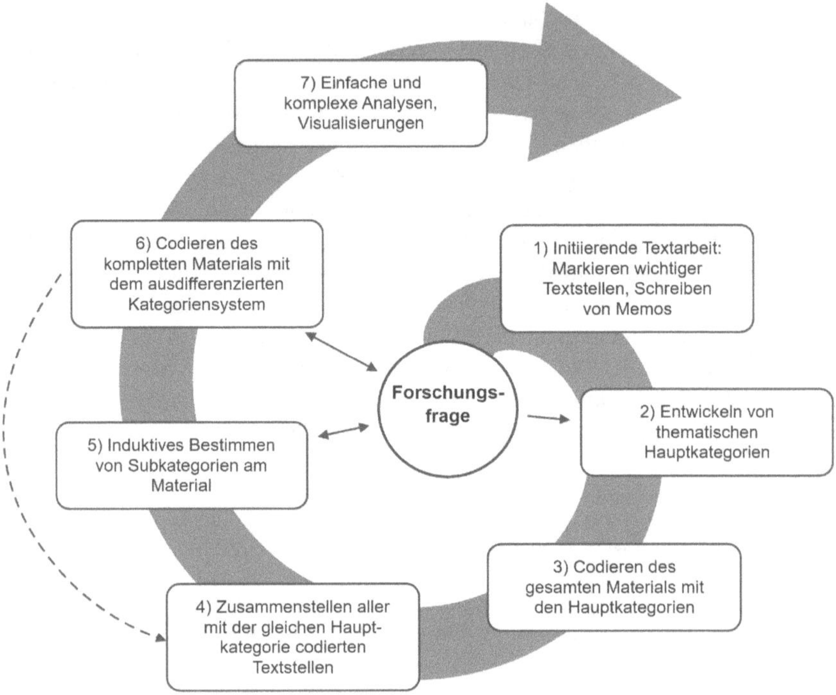

Abbildung 3.1 Ablaufschema inhaltlich-strukturierte qualitative Inhaltsanalyse – Eigene Darstellung in Anlehnung an Kuckartz, 2018, S. 100

Abbildung 3.1 zeigt den Ablauf der inhaltlich-strukturierten qualitativen Inhaltsanalyse nach Kuckartz (2018), der eine Bearbeitung der Punkte eins bis sieben vorschlägt, die über die Grafik sehr transparent dargestellt wird. Wesentlich ist, dass die Forschungsfrage(n) stets im Blick bewahrt werden, was die Strukturierung des Datenmaterials betrifft.

3.3.1 Strukturierung der Datenanalyse

Die Erstellung der Kategorien verläuft wie bereits unter Punkt 3.3 erörtert, teilweise induktiv (datenbasiert) als auch deduktiv (theoriebasiert). Dies erscheint für vorliegende Studie insofern günstig, als die Ergebnisse auf einer individuellen Ebene ebenso betrachtet werden können als auch im Kontext von bereits bestehendem Wissen. Durch die jeweilige Ergänzung ist es möglich, zu einem vertiefteren Verständnis sowohl der Studienpopulation als auch des erforschten Phänomens, der Verantwortung für Gesellschaft und Umwelt aus Sicht von Lehramtsstudierenden zu gelangen.

Für die Analyse ist zudem wesentlich, dass zum einen sämtliche erhobenen Daten berücksichtigt werden und zum anderen die Erhebung bei allen Daten in gleicher Weise stattfindet. Überdies wird MAXQDA 22 als geeignete Software eingesetzt, um eine systematische Vorgangsweise über ein Codieren der Daten mithilfe von Codes[1] zu ermöglichen. Flick (2016) schlägt für die Analyse qualitativer Daten zwei unterschiedliche Strategien vor. Eine gängige Vorgangsweise beabsichtigt, die Daten zusammenzufassen, die Komplexität zu reduzieren sowie über Codes (z. B. In-vivo-Codes[2]) zur Reduktion von Daten zu kommen, hingegen eine weitere Vorgangsweise stärker auf eine Interpretation der Daten und damit eher auf eine Erweiterung dieser Daten abzielt. Vorliegende Forschungsarbeit verfolgt die erste Strategie. Dazu werden im Zuge einer Datenexploration sämtliche Transkripte genauestens nach Sinneinheiten durchgesehen.

Kuckartz und Rädiker (2020, S. 19) strukturieren die Datenanalyse in sechs Schritte (**Abbildung 3.2**).

In einem ersten Schritt geht es um die Organisation der Daten, die eine intensive Lesephase voraussetzt. Nach der Datenaufbereitung werden in einem zweiten Schritt anhand der beantworteten Leitfragen Analysekategorien abgeleitet. Dies führt zu einer ersten „Basiscodierung“, dem Schritt drei. Um dieses Kategoriensystems weiterzuentwickeln, werden in einem vierten Schritt bereits codierte Textstellen weiter ausdifferenziert, sodass es zur „Feincodierung“ kommt. Schritt fünf sieht eine Neubewertung der ersten Zwischenergebnisse vor und in einem letzten Schritt erfolgen Überlegungen für die Dokumentation des Analyseprozesses.

[1] Kuckartz und Rädiker (2019, S. 69) beschreiben Codes als „verdichtete Beschreibungen erkannter Phänomene“.

[2] Laut Kuckartz und Rädiker (2019, S. 75) sind „In-vivo-Codes“ jene Codes, die als Begriffe direkt aus dem Rohmaterial übernommen werden.

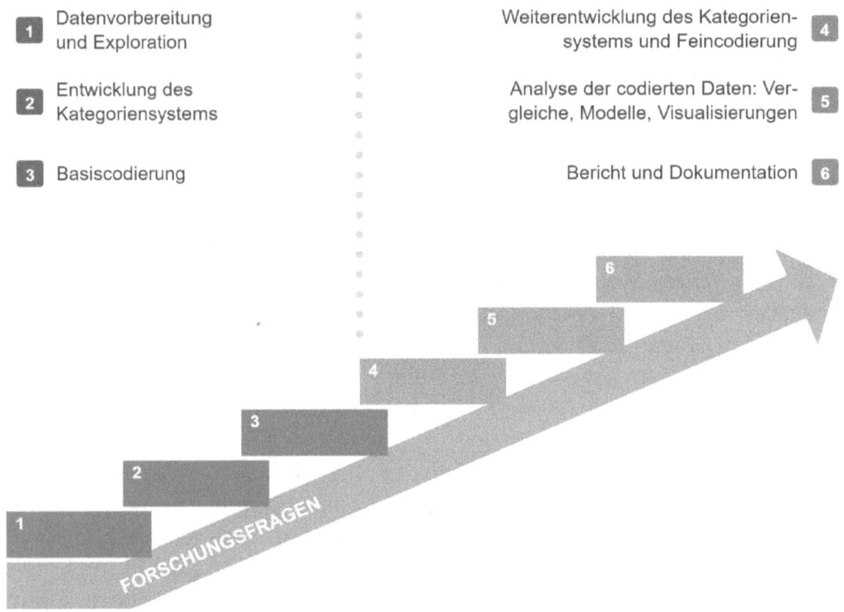

Abbildung 3.2 Fokussierte Analyse in sechs Schritten – Eigene Darstellung in Anlehnung an Kuckartz & Rädiker, 2020, S. 21

Wichtig ist zudem, dass die Forschungsfragen stets in Erinnerung gerufen werden, um den Blick auf das Wesentliche zu schärfen (siehe Abbildung 3.1). Auch wenn sich Forschungsfragen im Zuge der Analyse durchaus verändern können (Kuckartz & Rädiker, 2020), weil bestimmte Facetten erst über die Bearbeitung zutage treten, bilden sie den zentralen Ausgangspunkt für die gesamte Studie.

3.3.2 Erstellung der Kategorien

Kategorien übernehmen in dieser Arbeit die Funktion einer inhaltlichen Strukturierung. Die Erstellung der Kategorien erfolgt zum einen theoriebasiert aufgrund einer bereits bestehenden, sinnvollen inhaltlichen Systematisierung bzw. orientiert am Forschungsstand. Sie stellen zugleich das Fundament der Leitfragen (3.2.3) dar. Zum anderen werden sie datengesteuert, basierend auf den erhobenen Daten gebildet. Zweitere Vorgangsweise erfolgt unmittelbar am Datenmaterial über einen „iterativen Prozess, der mehrere Zyklen durchläuft“ (Rädiker & Kuckartz,

2019, S. 98). Das Datenmaterial wird sequenziell bearbeitet. Dabei handelt es sich um eine induktive Vorgangsweise, wobei es um die expliziten und impliziten Sinnstrukturen zum Finden bzw. Ausdifferenzieren der unterschiedlichen Auffassung einer sozialen und ökologischen Verantwortung von Lehramtsstudierenden geht.

Folgende Hauptkategorien werden theoriebasiert (deduktiv) an das Datenmaterial herangestellt und sollen später mit datenbasierten Kategorien (induktiv) sukzessive ergänzt bzw. adaptiert werden.

- Unterschiedliche Rollen und Sichtweisen auf Verantwortung
- Individuelle Verantwortung
- Gesellschaftliche Verantwortung in der Pädagog:innenrolle
- Lokale und globale Sichtweisen
- Bildungswissenschaftliche Sicht auf Verantwortung

Der Prozess der Kategorienbildung sowie das Systematisieren von Kategorien über das Material (induktiv) ist ein äußerst dynamischer, indem neue Kategorien gebildet, bestehende zusammengefasst oder Unter- bzw. Überkategorien gebildet werden. Aufgrund ihrer Funktion einer inhaltlichen Strukturierung werden sie in dieser Arbeit als inhaltliche und thematische Kategorien geführt, aber auch als analytische und natürliche Kategorien (aus Originalbegriffen der erhobenen Daten) eingestuft (Kuckartz & Rädiker, 2019, S. 68).

Ergebnisdarstellung 4

Nach der Analyse der Daten mit dem Programm MAXQDA und über die inhaltlich-strukturierende Inhaltsanalyse, einer Variante der Inhaltsanalyse (siehe Punkt 3.3) nach Kuckartz (2018), werden die induktiven, datenbasierten Kategorien mit den über- und untergeordneten Subkategorien sowie den theoriebasierten Kategorien (deduktive Kategorien) verdichtet (siehe Abbildung 4.1) sowie aufgrund wiederholter Analyseschleifen korrigiert und in diesem Kapitel dargestellt. Exemplarisch werden Textstellen (Zitate) angegeben, die den jeweiligen Kategorien bzw. Subkategorien zugeordnet werden und charakteristisch für die Aussagen der Studierenden sind. Ziel ist, über die Textausschnitte keine quantitative, sondern eine „inhaltliche Sättigung" der unterschiedlichen Sichtweisen zu ermöglichen. Bei der Darstellung der Ergebnisse werden jene Begrifflichkeiten bzw. Wortgruppen in Fettdruck formatiert, die für die Autorin als Überbegriffe besonders charakteristischer Wortmeldungen der Fokus-Gruppendiskussionen gelten. Dies dient dazu, die wichtigsten Schwerpunkte der Transkripte für die Lesern bzw. den Leser hervorzuheben sowie darauf hinzuweisen, dass bestimmte Aspekte häufiger in den Diskussionen angesprochen wurden.

Ergänzende Information Die elektronische Version dieses Kapitels enthält Zusatzmaterial, auf das über folgenden Link zugegriffen werden kann https://doi.org/10.1007/978-3-658-51403-7_4.

I. Geier, *Die Verantwortung für Gesellschaft und Umwelt in der Wahrnehmung von zukünftigen Lehrpersonen*, BestMasters,
https://doi.org/10.1007/978-3-658-51403-7_4

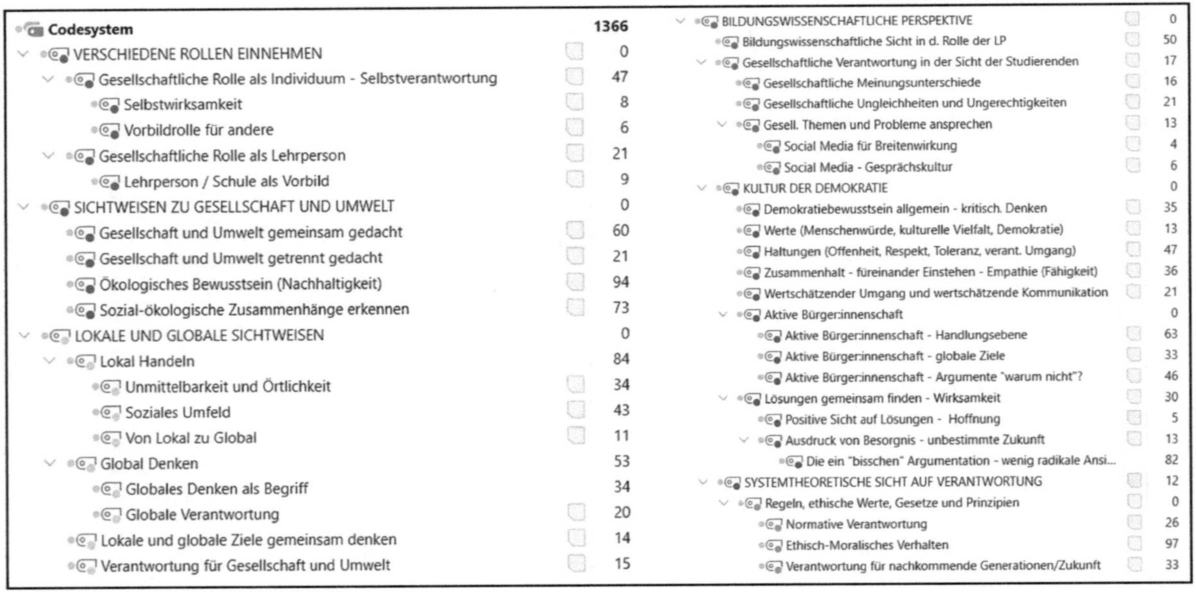

Abbildung 4.1 Kategoriensystem – induktiv aus dem Datenmaterial. (Eigene Darstellung)

Diese Kategorien und Subkategorien sind im Anhang 10[1] im elektronischen Zusatzmaterial einsehbar und werden in einer Tabelle genauer vorgestellt sowohl im Hinblick auf die Anwendung als auch mit einem entsprechenden Ankerbeispiel.

4.1 Wahrnehmen verschiedener Rollen

Nachfolgend wird aus den Transkripten dargestellt, wie Studierende der Primarstufe einen gesellschaftlichen Auftrag für sich selbst einschätzen.

Abbildung 4.2 zeigt, dass Studierende, sowohl zu einem Auftrag in der gesellschaftlichen Rolle als zukünftige Lehrperson als auch als Individuum Stellung nehmen. In den Diskussionen wird ersichtlich, dass sich 61 Codes zum gesellschaftlichen Auftrag in der Rolle als Individuum zuordnen lassen und 30 Codes, in denen Studierende die Rolle als zukünftige Lehrperson ansprechen. Diese Sichtweisen sollen nachfolgend (Punkt 4.1.1 und 4.1.2) mit exemplarischen Textstellen vorgestellt werden.

4.1.1 Rolle als Individuum

Selbstverantwortung

In den Transkripten wird die Selbstverantwortung angesprochen, die jede und jeder Einzelne hat, wenn formuliert wird: *„Jeder Einzelne hat eine Aufgabe, hat eine Funktion und sollte eben diese auch wahrnehmen. Dass man eben sich selbst bewusst wird – ich lebe hier, ich muss auch dazu beitragen und kann die Aufgabe nicht auf andere Leute quasi abschieben." (Transkript FG_15: 191–194)* Dabei wird der **Zusammenhang mit der Zukunft**[2] verdeutlicht, wenn jemand meint: *„Also, wenn ich an Gesellschaft in Verbindung mit Umwelt denke, finde ich, dass jeder Mensch hat teil daran, wie es uns in unserer Umwelt und unserer Zukunft geht, und kann dazu beitragen, ob es eben besser oder schlechter in der Zukunft eben aussieht." (Transkript FG_14, 6–9)*

---

[1] Die zugehörigen Daten sind im Anhang 10 im elektronischen Zusatzmaterial (EZM) einsehbar.

[2] Die Verwendung von fettgedruckten Begrifflichkeiten in der Darstellung der Ergebnisse dient dazu, die wichtigsten Schwerpunkte der Fokusgruppen-Diskussionen hervorzuheben. Diese Begriffe stellen Überbegriffe für besonders charakteristische und repräsentative Aussagen aus den Diskussionen dar, die es erleichtern, die wichtigsten Erkenntnisse schnell zu erfassen.

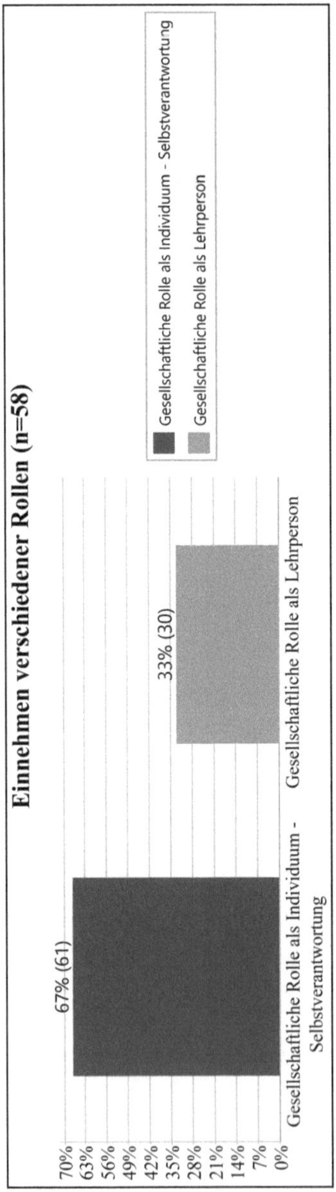

Abbildung 4.2 Wahrnehmung verschiedener Rollen – Anzahl der Codes. (Eigene Darstellung)

Dieser Auftrag wird **unabhängig von einem sozio-ökonomischen Status**, der **Herkunft** oder dem **Alter** gesehen. In einer Wortmeldung wird es folgendermaßen ausgedrückt: *„Jeder hat so seinen Platz in der Gesellschaft. Egal was für eine Schicht, egal was für eine Herkunft, wie alt du bist." (Transkript FG_16: 208–210)*

Auch wird ein gesellschaftlicher Auftrag als Möglichkeit der **Mitbestimmung und Beteiligung** über das Wahlrecht oder über die Unterstützung von Interessensverbänden gesehen, der wie folgt erläutert wird: *„Auch die allgemeinen Rollen für mich als gesellschaftliche Person, wie z. B. wählen zu gehen, mich in der Gesellschaft zu beteiligen, anderen zu helfen, die Gemeinde zu unterstützen. Es gibt unzählige Sachen, wie eben gemeinnützige Organisationen, die man unterstützen kann." (Transkript FG_14, 233–236)*

In 15 der insgesamt 16 Fokusgruppen-Diskussionen zeigen sich insgesamt 47 Codes, die die **Selbstverantwortung als Individuum** ansprechen. Die Studierenden halten diesbezüglich fest: *„Dass jeder für das Leben auf dieser Erde verantwortlich ist und demnach auch handeln sollte und nicht eigensinnig und egoistisch damit umgehen sollte und sich denkt: „Ok, wenn andere Menschen sich z. B. für die Umwelt einsetzen, dann reicht das." (Transkript FG_15: 119–122)*

Individuelle Beiträge werden unabhängig von erzielten Effekten als wertvoll eingeschätzt, sofern sie einem **gemeinsamen Ziel** dienlich sind: *„Und da muss einfach jeder einen Beitrag dazu leisten. Und sei es noch so klein, ist es trotzdem ein Schritt in die richtige Richtung." (Transkript FG_14: 209–211)* **Unterschiedliche Stärken** bzw. auch **unterschiedliche Sichtweisen** werden eingeräumt, und konkrete Beispiele für Handlungsweisen formuliert: *„Ich finde, dass...* [wir] *in unserem Alter beitragen können, eben gerade das beim Einkaufen darauf schauen. Oder welche Kleidung nehme ich her? Vielleicht auch Elektronik – man braucht nicht jedes Jahr ein neues Handy." (Transkript FG_13: 125–129)*

Konkrete **Beispiele** werden ebenfalls in dieser Wortmeldung formuliert: *„Zum Beispiel jetzt – wenn man sich leichttut, Plastik wegzulassen, dass man darauf vielleicht verzichtet oder dass einfach jeder was sucht, was er für sich leichttun kann oder halt statt Auto fahren die öffentlichen Verkehrsmittel zu nutzen oder Fahrräder oder, genau." (Transkript FG_7: 243–246)*

Ein Auftrag, sich in die Gesellschaft einzubringen, wird **unabhängig** davon gesehen, welche **Position** oder **Funktion** eingenommen wird. *„Ich glaube, egal, in welcher gesellschaftlichen Rolle du stehst – du hast immer einen Auftrag." (Transkript FG_12: 297–298)* Die Selbstverantwortung von Studierenden wird zudem in Zusammenhang mit **globalen Auswirkungen** gebracht, wenn erwähnt wird: *„Dass man einfach über Maßnahmen nachdenkt, die die ganze Welt betreffen. So, was kann jeder von uns dazu beitragen, dass sich irgendetwas auf der Welt ändert?" (Transkript FG_11: 167–169)* oder *„Jetzt mit Covid hat man es ja auch gut gesehen...*

und ich glaube, so ist es halt mit dem Klima, dass jeder seinen Teil dazu beitragen muss und das ist halt auch was, was die ganze Welt betrifft." (Transkript FG_7: 214–219)

Weitere Studierende ordnen der Rolle als Individuum entsprechende **Freiheitsgrade** in der Vorgehensweise zu: *„Es kann jeder Mensch für sich selbst eigentlich auch entscheiden, wie er das macht. Aber jeder Mensch kann das machen" (Transkript FG_4: 209–211)* oder sprechen eine **Verantwortung** und **Rechenschaftslegung** für das eigene Handeln an: *„Man muss halt Verantwortung übernehmen für das eigene Handeln, dann auch wirklich geradestehen, wenn einen wirklich wer fragt: ‚Warum schmeißt du das jetzt weg'"? (Transkript FG_11: 314–316)* Überdies wird die Selbstverantwortung in Bezug **auf globale Auswirkungen** mit dem Auftrag verknüpft, sich entsprechend zu informieren. Im Wortbeitrag wird von einer „Holschuld" gesprochen, Informationen einzuholen: *„Also, dass ich die Welt da eben auch als Ganzes sehe, nicht nur mein Umfeld – sondern auch eventuell – wie könnte sich das auswirken? Und dass ich mich aber auch dann irgendwo informiere. Bevor ich Entscheidungen treffe." (Transkript FG_5, 117–119)*

Selbstwirksamkeit

In sechs Fokusgruppen-Diskussionen nehmen Studierende explizit Stellung zur Selbstwirksamkeit. Sie schätzen ihren **individuellen Handlungsspielraum** und sehen Möglichkeiten, wo sie Veränderungen initiieren können. *„Was habe ich für einen Einfluss? Was sind meine täglichen Dinge, die ich benutze und was bewirken die auf die Umwelt? Was kann ich tagtäglich verändern? Welche Schritte kann ich selber gehen?" (Transkript FG_1: 250–253)*

Möglichkeiten, selbst Veränderungen zu initiieren werden so eingeschätzt, dass **gemeinsam mit anderen noch größere Wirkungen** in der Gesellschaft bewirkt werden können. *„Es reichen ja auch schon viele kleine Veränderungen von vielen Leuten, die zusammen dann, wenn man das ganze addiert trotzdem auch massive Auswirkung hat." (Transkript FG_1: 271–273)*

Eine Person spricht zudem ein Wohlbefinden aus, das über das eigene Handeln wahrgenommen wird: *„Und mir hat das dann auch persönlich wahnsinnig gut getan für mich selbst, dass ich nicht nur zu Hause gesessen bin und ja, eigentlich nichts wirklich Großartiges geleistet habe, sondern es, es tat gut, auch einen Teil zurückgeben zu können." (Transkript FG_5: 240–243)*

Vorbildrolle für andere

Auch in der Rolle als Individuum sehen Studierende, dass sie Vorbild sind. In sechs Fokusgruppen-Diskussionen führen Studierende an, dass sie durch ihr Handeln für andere Kinder oder für die Familie eine **Vorbildrolle** einnehmen. *„Ja, voll. Das* *würde ich auch sagen, dass man einfach das auch lebt, was man sagt. Und ja, dass einfach irgendwie – dass jeder eine Vorbildfunktion einnimmt. Also, versuchen, ein Vorbild zu sein." (Transkript FG_11: 364–366)* Diese Vorbildfunktion wird in enger Verbindung mit **Nachhaltigkeit und Werten** gesehen. Eine Person fasst hier zusammen: *„Dass ich selbst ein gutes Beispiel bin, also dass ich auch nachhaltig lebe, bzw. die Werte, die mir wichtig sind, dass ich die auch wirklich auslebe." (Transkript FG_5: 250–252)* In der Vorbildrolle wird zudem das Potenzial erkannt, dass eigenes Verhalten andere Mitbürger:innen zum Nachmachen anregt. *„Und wieder das Miteinander und nicht Einer, sondern am besten viele, alle, auch beginnen, weil wir ja gesagt haben, einer alleine kann schon was bewirken. Weil dann zieht ein Zweiter mit, dann kommt ein Dritter mit." (Transkript FG_2: 496–498)*

4.1.2 Gesellschaftliche Rolle als Lehrperson

In der unter Punkt 4.1 dargestellten Abbildung 4.2 wird sichtbar, dass Studierende in den Fokus-Gruppendiskussionen ihre gesellschaftliche Rolle als zukünftige Lehrperson ansprechen. Insgesamt lassen sich 21 Codes in zwölf Fokusgruppen-Diskussionen zuordnen, in denen Studierende im Rahmen der Diskussion die Rolle explizit machen. Ausschnitte aus den Transkripten zeigen, dass sie einen gesellschaftlichen Auftrag sehen, diesen als bedeutsam einschätzen und Studierende in ihren Einschätzungen Verantwortung wahrnehmen. So argumentieren mehrere Personen, dass es essenziell ist, **frühzeitig** Themen mit Schüler:innen aufzugreifen: *„Was ich zu dem Thema auch wichtig finde, ist, weil wir Volkschullehrer:innen werden, dass es so früh wie möglich in den Köpfen von den Kindern bzw. in den Köpfen von uns thematisiert wird." (Transkript FG_16: 186–189)*

Eine andere Person betont den Auftrag, **aktuelles Wissen** bereitzustellen sowie im Zuge einer **Wertevermittlung** die Schüler:innen auf die Zukunft vorzubereiten, wenn sie formuliert: *„Und da tragen wir einen wesentlichen Auftrag, nämlich den Bildungsauftrag... und auch wenn man an Umwelt und Gesellschaft denkt, dass man das den Kindern auch mitgibt, wichtige Werte." (Transkript FG_1: 325–329)*

Ebenso wird von mehreren Personen zum **Bildungsauftrag auch der Erziehungsauftrag** formuliert, wenn z. B. angeführt wird: *„Ich meine, als Lehrpersonen haben wir eh einen enormen Auftrag, den wir von der Gesellschaft übernehmen. Dass wir in die Bildung und Entwicklung von den Kindern einfach unseren bestmöglichen Beitrag dazugeben." (Transkript FG_9, 198–200)*

Lehrperson/Schule als Vorbild

Neun Studierende führen in der Diskussion weiter aus und betonen die Vorbildrolle, die sie als Lehrpersonen einnehmen bzw. die in ihrer Sicht die Schule einnimmt. Beispielsweise wird betont, dass diese Rolle auch außerhalb der Schule eingenommen wird. *„Ja, man sollte sich halt einfach bewusst sein, dass man wirklich eine Vorbildfunktion hat. Wenn der da ja als Lehrer z. B. in der Gesellschaft und deshalb nicht nur in dem Moment, wo man gerade unterrichtet, sondern auch in der Freizeit." (Transkript FG_10, 234–237)* Mit der Vorbildrolle verknüpft wird wiederholt ein nachhaltiges Bewusstsein, wenn erklärt wird: *„Die Kinder auch zu einer Wertschätzung von Diversität führen [kann]. Dass ich selbst ein gutes Beispiel bin, also dass ich auch nachhaltig lebe bzw. die Werte, die mir wichtig sind, dass ich die auch wirklich auslebe." (Transkript FG_5: 249–252)*

4.1.3 Zusammenfassung der Wahrnehmung verschiedener Rollen

Die Studierenden nehmen Stellung zu ihrem gesellschaftlichen Auftrag sowohl als Individuen als auch als zukünftige Lehrpersonen. Sie sehen ihren gesellschaftlichen Auftrag als unabhängig von sozioökonomischem Status, Herkunft oder Alter und betonen ihre Selbstverantwortung sowie Möglichkeiten der Mitbestimmung und Beteiligung. Sie halten fest, dass jede und jeder für das Leben auf der Erde verantwortlich ist und dementsprechend handeln sollte.

Individuelle Beiträge werden als wertvoll erachtet, solange sie einem gemeinsamen Ziel dienlich sind, und die Selbstverantwortung von Studierenden wird in Zusammenhang mit globalen Auswirkungen gebracht. Konkrete Beispiele werden genannt, wie wir alle einen Beitrag leisten können, und die Rolle als Individuum wird mit Freiheitsgraden und Verantwortung verbunden betrachtet.

In acht Wortmeldungen verteilt auf fünf Fokusgruppen-Diskussionen nehmen Studierende explizit Stellung zur Selbstwirksamkeit und beurteilen ihren individuellen Handlungsspielraum. Sie sehen Möglichkeiten, Veränderungen zu initiieren, und sind sich in diesem Zusammenhang bewusst, dass ihr Verhalten für andere als Vorbild dienen kann.

In sechs Fokusgruppen-Diskussionen nehmen Studierende Stellung zu ihrer Rolle als zukünftige Lehrpersonen und betonen dabei den Bildungs- und Erziehungsauftrag sowie die Vorbildfunktion, die sie einnehmen. Sie sehen es als wichtig an, Themen wie Nachhaltigkeit frühzeitig in den Köpfen von Schülerinnen und Schülern zu verankern und sich selbst in Bezug auf Nachhaltigkeit und Werte vorbildlich zu verhalten.

4.2 Sichtweisen der Studierenden zu Gesellschaft und Umwelt

Abbildung 4.3 umfasst einen Überblick über die induktiv erstellten Kategorien. Insgesamt werden vier Kategorien sowie 248 Codes aus den vorhandenen Transkripten in diesen Kategorien verortet.

Zwei der erstellten Kategorien zeigen auf, inwieweit die Begriffe Gesellschaft und Umwelt miteinander verknüpft oder unabhängig voneinander angesprochen werden. Die Subkategorie. „Ökologisches Bewusstsein“ wird codiert, wenn Studierende in ihren Wortmeldungen die Bedeutung eines ökologischen Bewusstseins erwähnen. Die Subkategorie „Sozial-ökologische Zusammenhänge erkennen“ wird jenen Wortmeldungen zugeordnet, wenn Studierende ökologische Zusammenhänge explizit machen oder von ökologischen Auswirkungen sprechen.

Die Abbildung zeigt die Anzahl der Codes entsprechend den Subkategorien, die nachfolgend über aussagekräftige Zitate aus den Transkripten dargestellt werden.

4.2.1 Gesellschaft und Umwelt werden gemeinsam gedacht

Die Diskussionen der Studierenden zeigen unabhängig von der ersten Leitfrage (siehe 3.2.3 „Was fällt Ihnen ein, wenn Sie an den Begriff Gesellschaft oder Umwelt denken?), dass Gesellschaft und Umwelt sehr stark gemeinsam gedacht werden. In sämtlichen 16 Transkripten finden sich Aussagen, die beide **Begriffe in Zusammenhang** bringen und ein gemeinsames Denken zeigen. Insgesamt erfolgen 60 Codierungen (siehe Abbildung 4.3). So ist es z. B. für sie *„einfach der Lebensraum auch für Menschen, aber auch für Tiere und Pflanzen [ist], die auf jeden Fall geschützt werden – also der Lebensraum sollte auf jeden Fall geschützt werden und das ist eben auch die Aufgabe der Gesellschaft.“ (Transkript FG_15: 5–9)* Im Vordergrund dieser Person stehen beispielsweise die **Auswirkungen von Handlungen**, die sich sowohl positiv als auch negativ zeigen können. *„Für mich hängen Gesellschaft und Umwelt auch so zusammen, dass die Taten von der Gesellschaft sich unmittelbar auf die Umwelt auswirken. Im positiven, aber auch natürlich im negativen Sinne.“ (Transkript FG_9: 28–31)* Zudem werden Gesellschaft und Umwelt häufig jeweils **als Teil des anderen** betrachtet. Eine Wortmeldung dazu lautet: *„Genau, ja. Ich glaube, die Umwelt ist auch Teil der Gesellschaft. Oder die Gesellschaft ist Teil der Umwelt, wie man es dann auch drehen möchte.“ (Transkript FG_7: 15–16)* Das zeigt sich ebenfalls in der folgenden Aussage: *„Ja, ich glaube*

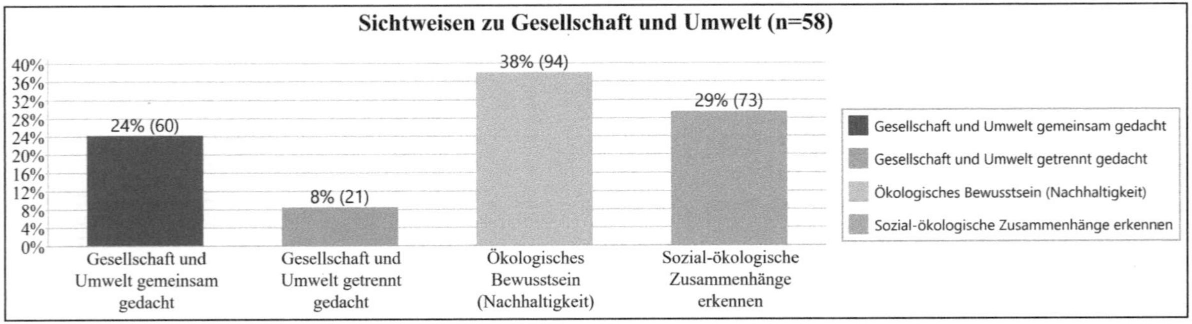

Abbildung 4.3 Sichtweisen der Studierenden zu Gesellschaft und Umwelt – Anzahl der Codes. (Eigene Darstellung)

auch nicht, dass man das so trennscharf auseinanderteilen kann. Weil Tiere sehen wir ja auch als Teil der Umwelt und wir sind grob genommen auch ein Tier, welches sich halt über andere stellt." (Transkript FG_7: 27–34)

4.2.2 Gesellschaft und Umwelt werden getrennt gedacht

Ein anderes Bild ergibt sich in 21 Codes der Transkripte, die als Antwort auf die Leitfrage eins (siehe 3.2.3) zwischen den Begriffen Gesellschaft und Umwelt **keinen eindeutigen Zusammenhang** ansprechen bzw. die Begriffe explizit voneinander unabhängig betrachten. *„Also ich sehe die Begriffe als zwei verschiedene – sprich, ich würde die jetzt nicht in Beziehung setzen, sondern sag: Gesellschaft und Umwelt als einen Aspekt oder als ein Teilgebiet." (Transkript FG_14: 20–22)* Dies zeigt sich ebenso im folgenden Beitrag, der den **Wert** einer **gemeinsamen Sichtweise** jedoch antizipiert, weil es für diese Person *„einfach zwei Bereiche sind, die schwer zu vergleichen sind"*. Sie führt allerdings weiter aus: *„Ich frage mich immer, warum geht denn nicht beides gleichzeitig. Dass man für die Erde sorgt und das als Gesellschaft gemeinsam macht. Und dann werden da auch viele Probleme, glaube ich, gelöst." (Transkript FG_7: 410–414)*

4.2.3 Ökologisches Bewusstsein - Nachhaltigkeit

Die Auswertung der 16 Transkripte zeigt, dass Studierende in den Diskussionen ebenso die Bedeutung eines ökologischen Bewusstseins ansprechen sowie den Begriff „Nachhaltigkeit" thematisieren. Einer dafür erstellten Subkategorie werden 94 Wortmeldungen (Abbildung 4.3) zugeordnet. Studierende sprechen an, alte **Gegenstände weiterzugeben**, die **lokale Wirtschaft** zu unterstützen sowie **Transportwege** einzusparen, um Nachhaltigkeit zu unterstützen. *„Anstatt dass ich sage, okay, ich verschiffe es jetzt über die ganze Welt, sondern kann auch schauen, dass ich den Menschen in meiner Umgebung damit auch helfen kann. Oder auch in Bezug auf Konsum, dass ich sage, ich unterstütze lokale Anbieter." (Transkript FG_15: 90–93)* Dieses Bewusstsein wird mit **konkreten Handlungsweisen** verbunden, die ein nachhaltiges Leben unterstützen, und **mangelndes Wissen** wird postuliert. *„Also, ich habe in meinem Umfeld einige kennengelernt, die oft gar nicht gewusst haben, wie schlimm die Ausmaße wirklich sind. Also, mit dem, wo der Müll z. B. im Endeffekt eigentlich landet...* [und] *welchen Einfluss wir eigentlich auf die Umwelt." (Transkript FG_12: 260–265)* haben. Das zeigt sich auch in dieser Wortmeldung, die das **Ernährungsverhalten** als wesentlichen Faktor für ein ökologisches Bewusstsein anspricht: *„Was für mich noch wichtig ist in Bezug auf die Umwelt, ist Ernährung. Weil man dadurch, wie man sich ernährt z. B. oder was man konsumiert, doch sehr viel für die Umwelt machen kann." (Transkript FG_6: 231–233)* Darüber hinaus wird angemerkt, dass das **eigene Handeln entsprechend ausgerichtet** wird: *„Und ja, dass man halt auch dann wieder selber schaut, dass man nicht oft mit dem Auto fährt und viele öffentliche Verkehrsmittel benutzt. Nicht unbedingt mit dem Flugzeug in den Urlaub fährt und halt solche Sachen – solche Kleinigkeiten." (Transkript FG_11: 329–332)*

Ganz grundsätzlich wird ein **achtsamer Umgang** mit der Umwelt angesprochen: *„Auch, dass man die Umgebung und die Umwelt eben, in der man lebt, einfach pflegt und gut darauf achtet einfach." (Transkript FG_9: 157–158)* Außerdem wird die Bedeutung des kritischen Hinterfragens der eigenen Position (**Selbstreflexion**) erwähnt: *„Man sollte ein wenig nachdenken, warum sollte man vielleicht kein Fleisch essen? Oder warum fahre ich jeden Tag mit dem Auto dahin? Gibt es da nicht vielleicht andere Wege, dass man sich vielleicht selbst ein bisschen hinterfragt." (Transkript FG_9: 161–164)* Die aktuelle **Problemlage** wird **angesprochen**, wenn eine Person formuliert: *„Das, was wir gerade tun, ist einfach nur Ausbeuten bis zum geht nicht mehr. Wir holen Kohlenstoff raus, der, also unsere Atmosphäre kann das gar nicht mehr alles abschirmen, was wir da alles zerstören." (Transkript FG_5: 137–140)*

Gleichzeitig werden **Möglichkeiten** erörtert, die **gegensteuern** und ein ökologisches Bewusstsein unterstützen: *„Also mir ist es sehr wichtig, dass man vor allem probiert, lokal einzukaufen und, also ich persönlich achte darauf, dass ich viele Produkte aus Österreich kaufe und dass ich vor allem Plastik vermeide." (Transkript FG_4: 176–178)*

4.2.4 Sozial-ökologische Zusammenhänge erkennen

In den 16 Fokusgruppen-Diskussionen zeigt sich, dass Studierende auch sozial-ökologische Zusammenhänge und Auswirkungen bzw. Wechselwirkungen von Gesellschaft und Umwelt in ihren Diskussionsbeiträgen ansprechen. Wortmeldungen, die **Verbindungen** oder **Wechselwirkungen** von ökologischen und sozialen Aspekten thematisieren werden daher der Subkategorie „Sozial-ökologische Zusammenhänge" zugeordnet. Abbildung 4.3 zeigt, dass sich 73 codierte Segmente aus allen 16 Transkripten in dieser Kategorie verorten lassen.

Angesprochen wird u. a. die **Notwendigkeit**, als Gesellschaft an die **Umwelt zu denken**, um überlebensfähig zu bleiben *„Also Gesellschaft und... ist eben irgendwie so in Wechselwirkung. Also, man muss eben als Gesellschaft an die Umwelt denken, dass es unsere Gesellschaft überhaupt geben kann. Genau." (Transkript FG_15: 12–16)* Es wird auch der **Zusammenhang zwischen Naturereignissen** sowie der Gesellschaft thematisiert, wenn erwähnt wird: *„Weil, wenn dann irgendwann mal – weiß ich nicht, die Küsten überflutet werden und wenn jetzt dann die Leute schon – also, wenn dann Hunderte Millionen Leute auf der Flucht sind oder so, dann wird die Gesellschaft irgendwann zusammenbrechen." (Transkript FG_16: 239–242)* Dazu gehört auch der **Klimawandel**, der im Zusammenhang mit **Biodiversität** sowie in weiterer Folge mit Lebensmittel gesehen wird. *„Da fließt der Klimawandel mit ein oder die Veränderung der Natur, dass dann Arten aussterben und das führt ja dann alles wieder dazu, dass das auch unser Leben betrifft, wenn beispielsweise durch unser Verschulden die Bienen aussterben befruchten die nicht mehr." (Transkript FG_15: 240–243)* Auch **Zusammenhänge** zwischen dem **eigenen Handeln** sowie den zur Verfügung stehenden **Ressourcen** werden hinterfragt. *„Das kann ich mir auch gut vorstellen. Dass alleine, wenn man sich das im Internet ausrechnet, wie viele Erden man brauchen würde, wenn jeder so leben würde wie ich." (Transkript FG_12: 392–394)* Eine andere Person formuliert es so: *„Also, ich würde sagen, dass das Handeln von jedem Einzelnen auch eine globale Auswirkung haben kann. Und man sich dessen halt bewusst sein sollte, z. B. eben beim Einkaufen." (Transkript FG_10: 126–128)*

Ein **funktionierendes Ökosystem** wird **als Grundlage** für das Überleben von Pflanzen sowie in weiterer Folge auch für das Überleben der Menschen erachtet: *„Ja, und unsere Lebensgrundlage geht ja verloren, wenn das Ökosystem nicht mehr funktioniert. Weil, wenn wir keine – wenn keine Pflanzen mehr wachsen oder nur mehr weniger, dann können wir weniger Menschen ernähren." (Transkript FG_10: 282–284)* **Sozial-ökologische Zusammenhänge** werden auch der nachfolgenden Wortmeldung zugeordnet, in der vieles als irreparabel eingeschätzt wird. *„Gibt es da nicht vielleicht andere Wege, dass man sich vielleicht selbst ein bisschen hinterfragt, ob es sich schon auszahlt? Weil, man kann dann vieles eigentlich nicht mehr rückgängig machen." (Transkript FG_9: 163–165)*

Aktuelle Auswirkungen für das Klima, den Wasserhaushalt und im Zusammenhang eines **guten Lebens für die nachfolgende Generation** und **Umwelt** werden ebenso erwähnt: *„Weil ich finde, man sieht es ja jetzt schon, was sich viel verändert... und man möchte ja auch, dass die nächste Generation genauso gut lebt, wie wir es gerade noch können." (Transkript FG_7: 251–257)* Dieses Bewusstsein zeigt sich auch auf der persönlichen Handlungsebene, wenn erklärt wird: *„Wenn ich spazieren gehe und ich sehe – da liegt irgendwo Müll herum oder so... dass ich den mitnehme.. Tiere, die das dann vielleicht fressen... das hängt ja alles mit der Umwelt zusammen." (Transkript FG_4: 214–219)*

4.2.5 Zusammenfassung der Sichtweisen zu Gesellschaft und Umwelt

Die Studierenden diskutieren, dass Gesellschaft und Umwelt sehr stark zusammen gedacht werden. In allen 16 Transkripten finden sich Aussagen, die beide Begriffe zusammenbringen sowie ein gemeinsames Denken zeigen. Es werden 60 Codes durchgeführt, die zeigen, dass Gesellschaft und Umwelt als Teil des anderen betrachtet werden. Eine andere Perspektive zeigt sich in 21 Codierungen, die einen Zusammenhang zwischen den Begriffen nicht explizit ansprechen bzw. die Begriffe Gesellschaft und Umwelt als getrennt betrachten. Die Studierenden betonen, dass es wichtig ist, beide Bereiche in den Blick zu nehmen, um die Auswirkungen von Handlungen zu verstehen und zu optimieren. Sie diskutieren auch die Rolle der Regierung bei der Bewahrung der Umwelt und der Förderung einer nachhaltigen Gesellschaft. Einige Studierende betonen, dass die Gesellschaft auf individuellem und kollektivem Niveau Verantwortung übernehmen muss, um die Umwelt zu schützen.

4.3 Lokale und globale Sichtweisen von Studierenden

Die weitere Analyse zeigt, dass Studierende verschiedene lokale und globale Sichtweisen in die Fokusgruppen-Diskussionen einbringen sowie Wortmeldungen zu weiteren Subkategorien (siehe Abbildung 4.4) führen, die nachfolgend über aussagekräftige Zitate vorgestellt werden.

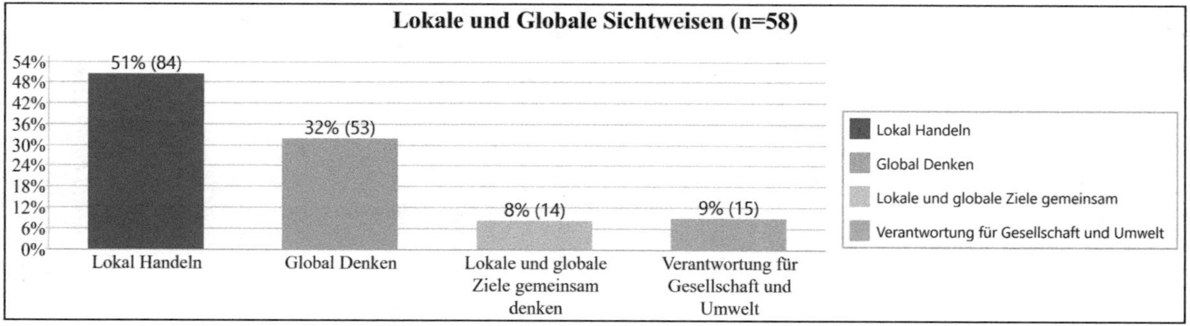

Abbildung 4.4 Lokale und globale Sichtweisen der Studierenden. (Eigene Darstellung)

Zu Beginn werden die beiden Subkategorien „lokale Sichtweisen“ und „globale Sichtweisen“ erstellt, die nachfolgend weiter ausdifferenziert werden (siehe 4.3.1 und 4.3.2). Die Subkategorie „Lokale und globale Ziele gemeinsam denken“ (siehe 4.3.3) wird zugeordnet, wenn Studierende den Zusammenhang zwischen „lokal handeln und global denken“ thematisieren oder Ziele gemeinsam denken und die Subkategorie „Verantwortung für Gesellschaft und Umwelt“ (4.3.4) wird codiert, wenn Studierende in ihren Wortmeldungen explizit von einer Verantwortung für Gesellschaft und Umwelt sprechen.

4.3.1 Lokal handeln

Zunächst wird ein genauer Blick darauf geworfen, was es für die Studierenden bedeutet, „lokal zu handeln“. Hier zeigen sich unterschiedliche Sichtweisen zu den Begriffen.

Einige Studierende (34 Wortmeldungen) schreiben der Bezeichnung „lokal handeln“ eine „**Örtlichkeit**“ zu und beschreiben den Begriff als **geografisch eingeschränkten Raum**: *„Lokal ist für mich jetzt primär erst mal auf meine nähere Umgebung von mir selbst bezogen – wenn man schaut: okay, was kann ich z. B. in meiner Umgebung machen, um z. B. nachhaltiger zu sein?“ (Transkript FG_15: 68–70)* Dieses Handeln bedeutet für eine Person zudem, dass ein **Mitwirken** möglich ist und vielleicht auch **Auswirkungen des Handelns einsehbar** sind: *„Also, lokal ist jetzt so für mich das Erste, was mir in den Kopf kommt... auf jeden Fall irgendwas, wo ich sage: da kann ich mitwirken... vielleicht sogar die Auswirkungen meines Handelns sehen kann.“ (Transkript FG_13: 64–70)* Die Örtlichkeit kann sich **situationsspezifisch** und entsprechend dem **Aufenthaltsort** in der Sichtweise einer Person auch verändern, so ist es folgender Wortmeldung zu entnehmen: *„Für mich ist es irgendwie beides... halt eben auf die Situation, wo ich gerade bin, oder der Ort, in dem ich gerade bin, dass ich da halt eben dann irgendwelche Handlungen einsetze.“ (Transkript FG_12: 124–128)*

Andere Studierende schreiben dem Begriff eine **Unmittelbarkeit** zu, wenn formuliert wird: *„Schnell geklärt dann wieder, wenn man es sofort macht.“ (Transkript FG_2: 234)* Oder: *„Also ich glaube, für mich bedeutet das, sofort zu handeln. Ich kann es halt so nicht übersetzen, aber ich würde jetzt denken, in einer Situation einfach sofort zu handeln.“ (Transkript FG_3: 202–204)* Dieses Handeln kann auch **kurzfristig umgesetzt** werden: *„Lokal handeln ist immer etwas Kurzfristiges beziehungsweise das, was unmittelbar zeitlich vor mir steht, wo ich auch direkten Einfluss habe.“ (Transkript FG_1: 194–196)*

Lokal zu handeln, wird in 43 Wortmeldungen auch in Beziehung zu Menschen im **sozialen Umfeld** gebracht: *„Dieses lokale Handeln kann sich auch nicht nur jetzt so auf den Ort beziehen, sondern auch einfach auf die Menschen, sondern einfach, dass du auf dein Umfeld einfach mal eingehst.“ (Transkript FG_1: 180–182)* Mehrmals wird die Bezeichnung „lokal handeln“ auch mit einem **nachhaltigen Umgang mit Ressourcen** in Verbindung gebracht. Eine weitere Person erklärt es folgendermaßen: *„Ich glaube, lokales Handeln kann auch jetzt in Hinsicht auf Umwelt z. B. sein, dass man z. B. seinen eigenen Konsum reduziert und somit da einfach auch zurückschraubt in gewissen Sachen.“ (Transkript FG_4: 107–110)*

Die weitere Sichtweise **„von lokal zu global“** zeigt, dass die Studierenden in zehn Wortmeldungen eine **Verbindung** von lokalem Handeln und globalem Denken **herstellen**. Sie sehen darin **Potenzial**, über lokales Handeln auch zu **größeren Wirkungen** zu kommen. Eine Person führt an: *„Dann muss ich nicht erst im Großen und Ganzen denken, sondern... was kann ich in meinem Umfeld machen? Weil auch die kleinen Schritte eben zu was Großem werden können, und das kann sich ja natürlich dann auch ausweiten.“ (Transkript FG_15: 70–73)* Eine weitere Person spricht an, dass dieser Schritt zunächst eine **Veränderung** im **eigenen Denken** erfordert: *„Es muss zuerst die Veränderung im Kopf passieren, dass dann etwas in der Gesellschaft passieren kann, also du sollst mit dir selbst anfangen und dann... halt versuchen, gemeinsam dann irgendwie Größeres zu bewirken.“ (Transkript FG_3: 222–226)*

4.3.2 Global Denken

Wenn Studierende die Bezeichnung „globales Denken“ ansprechen, zeigen sich unterschiedlich ausdifferenzierte Sichtweisen. Bei einigen Personen wird der **Blickwinkel** bzw. die **Sichtweise/Denkweise** erwähnt: *„Genau, es umfasst eigentlich ein weiteres Spektrum, global zu denken“ (Transkript FG_4: 154–155)*, den *„Blickwinkel ein bisschen erweitern“ (Transkript FG_2: 275)* und *„über den Tellerrand hinauszuschauen. Und einfach alles im Blick zu haben und nicht nur sich selbst oder das Umfeld von einem..., sondern wirklich in dem Fall entweder die ganze Gesellschaft, die ganze Welt.“ (Transkript FG_8: 64–67)*

Andere denken an **Maßnahmen, die Auswirkungen auf die ganze Welt** haben: *„Für mich bedeutet auch global zu denken, dass man einfach über Maßnahmen nachdenkt, die die ganze Welt betreffen. So – was kann jeder von uns dazu beitragen, dass sich irgendetwas auf der Welt ändert?“ (Transkript FG_11: 167–169)* Zu diesen Maßnahmen zählen auch eigene Entscheidungen, die sich in ihrer Sicht auf die Mitmenschen bzw. die gesamte Welt auswirken: *„Also, global ist ja meistens die ganze Welt. Dass man da bedenkt, wenn man selber eine Entscheidung trifft oder ja, irgendwas macht, dass das dann für die ganze Welt eigentlich eine Auswirkung haben könnte.“ (Transkript FG_12: 146–149)* Diese Person beschreibt es an einem **konkreten Beispiel**: *„Wenn ich... viel Meeresfisch esse... wird überfischt und irgendwann, wenn das Tausende von Menschen machen... führt das dazu, dass die Ressourcen dann einfach weg sind.“ (Transkript FG_9, 132–135)* Ähnlich wird es in einer anderen Diskussion formuliert: *„Wenn ich Avocados esse, die aus einem Bioanbau kommen, wird trotzdem irgendwo ein Fluss trockengelegt, damit man die Avocados bewässern kann. Also, dass ich wirklich dann denke... was macht es mit der ganzen Welt, mit der Umwelt?“ (Transkript FG_5: 97–101)*

Andere Wortmeldungen zeigen, dass globales Denken mit dem **Begriff der Nachhaltigkeit** in Zusammenhang gesehen wird: *„Was mir gleich einfällt, ist Nachhaltigkeit und Recyclen jetzt, in Bezug auf die Umweltverschmutzung.... und ich glaube, jedem sind solche Bilder bekannt, wo z. B. die Schildkröte da im Meer in diesem Haufen Plastik gefangen ist.“ (Transkript FG_5: 104–112)* In den Diskussionen werden im Zusammenhang mit dem globalen Denken auch **andere Kulturen** betrachtet, um von anderen zu lernen: *„Also, vielleicht, sich so von anderen Kulturen oder Ländern inspirieren lassen und schauen, wie die es machen.“ (Transkript FG_13: 91–92)*

In mehreren Wortmeldungen fällt auch der **Begriff der Verantwortung** im Zusammenhang mit dem globalen Denken, der weiter unten als „Verantwortung für Gesellschaft und Umwelt“ genauer aufgegriffen wird. Eine Person bringt zum Ausdruck: *„Ja, das ist wieder eine Frage der Verantwortung. Will ich die Verantwortung annehmen, die ich sozusagen global bekomme? Oder würde ich am liebsten sagen: ‚Nein, das betrifft mich nicht, ich bin da raus‘ – auch, wenn es nicht wirklich geht.“ (Transkript FG_7: 209–212)*

4.3.3 Lokale und globale Ziele gemeinsam denken

Nachdem in den vorliegenden 16 Transkripten sichtbar wird, dass Studierende immer wieder lokales Handeln und globales Denken ansprechen oder lokale und globale Ziele gemeinsam denken, wird zusätzlich die Subkategorie „Lokale und globale Ziele gemeinsam denken“ erstellt. Insgesamt werden 14 Codes dieser Subkategorie zugeteilt, die anhand nachfolgender Wortmeldungen exemplarisch verdeutlicht wird. Studierende sprechen an, dass ihre Handlungen **über** das eigene **lokale Umfeld hinaus Folgen** haben. *„Wenn ich... mit dem Auto oder so fahre, dass ich nicht nur an mich denke..., sondern, was das dann z. B. auch für die Umwelt* *oder für andere Menschen oder so als Folge haben könnte." (Transkript FG_6: 170–176)* Einige Studierende bringen auch Beispiele dafür, dass für sie lokale und globale **Ziele zusammenhängen**, wenn sie anführen: *„Global zu denken, bedeutet für mich, dass ich in meinem Handeln einfach trotzdem an die ganze Welt denke. Oder was kann das für Auswirkungen haben auf den ganzen Planeten?" (Transkript FG_5: 92–94)* Diese Denkweise zeigt sich auch in folgender Wortmeldung, in der reflektiert wird und sich die Person als „Mitverursacher" sieht und damit **Beteiligung** anspricht: *„Wenn man jetzt z. B. an den Klimaschutz denkt,... weil wir vielleicht auch – ja, quasi Verursacher, also Mitverursacher sind von diesem Problem... ja, dass man sich eben über die Landesgrenzen hinaus vernetzt." (Transkript FG_16: 143–149)*

In anderen Wortmeldungen wird festgehalten, dass diese Denkweise nicht sehr verbreitet ist und nicht viele Menschen lokale und globale Ziele gemeinsam denken. So wird ein **Bildungsauftrag** formuliert und erläutert: *„Dass es da noch sehr viele gibt, die vielleicht jetzt eher lokal denken und nicht so sehr global,... dass wir da noch sehr vieles machen können, dass eben die Leute eher zu dem globalen Denken gehen." (Transkript FG_15: 132–137)* Auch auf der **Handlungsebene** findet sich ein bekannter Ausspruch „act local – think global", der von mehreren Studierenden erwähnt wird. Der **Einfluss auf** ein Gesamtbild der **Welt** wird anerkannt und es wird ausgeführt: *„Ich muss immer wieder an die Aussage denken, ich weiß zwar nicht, woher die kommt, aber das ‚think global – act local', dass das auch genauso einen Einfluss darauf hat auf das größere Gesamtbild, beziehungsweise auf die Welt." (Transkript FG_1: 170–173)*

4.3.4 Verantwortung für Gesellschaft und Umwelt

Nachdem sich in den Transkripten zeigt, dass Studierende den Begriff Verantwortung ansprechen, wenn sie lokale und globale Probleme schildern, wird die Subkategorie „Sozial-ökologische Verantwortung" erstellt. 14 Wortmeldungen lassen sich dieser Subkategorie zuordnen. Exemplarisch werden charakteristische Wortmeldungen angeführt. Beispielsweise wird die Verantwortung der Gesellschaft für die **weitere Entwicklung der Umwelt** thematisiert: *„Dass eigentlich wir auch, also die Gesellschaft für die Umwelt auch ein bisschen verantwortlich ist. Genau. Also, wie sich auch die Umwelt entwickelt, die Natur und, genau. Da sind finde ich, also die Gesellschaft, also wir eigentlich verantwortlich dafür." (Transkript FG_4: 24–27)* Andere Wortmeldungen schließen die **Verantwortung für die Gesellschaft** mit ein, wenn sie ausführen: *„Man hat sowohl die Verantwortung gegenüber der Gesellschaft als auch der Umwelt gegenüber." (Transkript FG_*

1: 22–24) Ähnlich wird es in dieser Wortmeldung formuliert: *„Verantwortungsbewusstsein für unsere Umwelt, für unsere Menschen, die um uns herum leben. Verantwortungsbewusstsein [ähm], gegenüber oder einfach auch Mal Verantwortung zu übernehmen – denke ich ist in der Gesellschaft auch wichtig." (Transkript FG_4: 40–42)*

Der Begriff Verantwortung wird zudem verwendet, wenn konkret über **gesellschaftliche Probleme** wie z. B. **Müllverschmutzung** oder **Müllervermeidung** gesprochen wird: *Und auch, dass man Verantwortung übernimmt, wenn man das irgendwo sieht, dass wo Müll herumliegt – dass man den dann einfach zusammenräumt... dass man das ganze Plastikzeug und den Müll so generell ein bisschen vermeidet." (Transkript FG_11: 317–326)*

4.3.5 Zusammenfassung lokaler und globaler Sichtweisen

Einige Studierende betrachten „lokal handeln" als geografisch eingeschränkten Raum, während andere es als unmittelbare Handlung sehen, die kurzfristig umgesetzt werden kann. „Lokal handeln" wird auch in Beziehung zu Menschen im sozialen Umfeld gebracht und oft mit einem nachhaltigen Umgang mit Ressourcen verbunden. Studierende haben unterschiedliche Interpretationen des Begriffs „Globales Denken". Einige betrachten es als einen erweiterten Blickwinkel, während andere es mit Maßnahmen in Verbindung bringen, die Auswirkungen auf die gesamte Welt haben. Einige sehen zudem den Zusammenhang mit der Nachhaltigkeit sowie der Verantwortung für Gesellschaft und Umwelt. Die Studierenden betrachten lokales Handeln und globales Denken oft als zusammengehörig und denken lokale und globale Ziele gemeinsam. Sie sehen ihr eigenes Handeln als mitverantwortlich für globale Probleme und erkennen einen Bildungsauftrag darin, mehr Menschen dazu zu bringen, lokale und globale Ziele gemeinsam zu denken. Der Ausspruch „act local – think global" wird zudem mehrmals erwähnt. Die Studierenden sehen ihre Verantwortung für lokale und globale Probleme und betonen die sozial-ökologische Verantwortung der Gesellschaft. Sie erwähnen konkrete Probleme wie Müllverschmutzung sowie Müllvermeidung und unterstreichen die Bedeutung, Verantwortung zu übernehmen, um diese Probleme zu lösen.

4.4 Bildungswissenschaftliche Perspektive

Im folgenden Abschnitt werden die Transkripte in Bezug auf eine Verantwortung für Gesellschaft und Umwelt aus einer bildungswissenschaftlichen Perspektive analysiert. Dazu soll der Blick zunächst auf jene Wortmeldungen gerichtet werden, die in den Diskussionen einen Bildungsauftrag ansprechen.

4.4.1 Bildungswissenschaftliche Sicht in der Rolle der Lehrperson

In allen 16 Fokusgruppen-Diskussionen zeigt sich, dass es für Lehramtsstudierende wichtig ist, dass der Bildungsauftrag in der Volksschule umgesetzt wird. Die Studierenden äußern sich dazu in insgesamt 50 Wortmeldungen. Sie nehmen Stellung zur Zielgruppe hinsichtlich Alter, geben Gründe dafür an und führen an, was vermittelt werden soll.

Argumente für ein „WAS“

Der Bildungsauftrag wird beispielsweise **inhaltlich formuliert**: *„Wir als Lehrpersonen haben da eine ganz eine große Rolle, dass wir das eben den zukünftigen Erwachsenen, also den Schülerinnen und Schülern beibringen können, wie man eben mit den Ressourcen umgeht und wie man das Ökosystem schützen kann.“ (Transkript FG_13: 183–186)* Dabei wird der Bildungsauftrag nicht nur über **kognitive Ziele** in den Blick genommen, sondern ebenfalls über **Werte** und **Haltungen**: *„Als angehende Lehrperson ist mein Auftrag natürlich auch, Werte und Haltungen an meine Schüler weiterzugeben.“ (Transkript FG_10: 216–218)* Sie sehen sich selbst *„in einer gewissen Rolle halt Erzieh- und Ansprechperson und Vertrauensperson für die Kinder.“ (Transkript FG_9: 203–204)* Überdies wird erwähnt, dass **verschiedene Möglichkeiten** aufgezeigt werden können. *„Dass man einfach Personen einmal aufklärt: Was gibt es denn für Alternativen? Z. B. Secondhand-Shop oder so. Oder dass man einfach vielleicht Fair Trade oder so einkauft.“ (Transkript FG_2: 358–360)*

Argumente für ein „WANN“

Einige geben an, dass ein **früher Start** in der Volksschule wesentlich ist, damit sich Lernende mit der Bedeutung der Umwelt für den Menschen frühzeitig befassen. *„Dass es so früh wie möglich in den Köpfen von den Kindern bzw. in den Köpfen von uns thematisiert wird. Also auch, dass man so früh wie möglich weiß: Wie wichtig ist die Umwelt für uns?“ (Transkript FG_16: 187–190)* In einer anderen

Wortmeldung wird es ähnlich formuliert: *„Da ist auch Aufklärung einfach sehr wichtig. Und das, finde ich, sollte vom Kleinkind auf schon irgendwie – natürlich altersadäquat angepasst – aber auch schon thematisiert werden." (Transkript FG_15: 139–141)*

Argumente für ein „WARUM"

Die Wichtigkeit dieses Auftrages wird ebenfalls dargelegt: *„Und da tragen wir einen wesentlichen Auftrag, nämlich den Bildungsauftrag. Und ich finde, das ist ein sehr wertvoller Auftrag." (Transkript FG_1: 325–326)*

Begründet wird eine frühe Auseinandersetzung damit, *„Weil ich glaube, dass sie durchaus in der Lage sind, sich da auch schon eine Meinung bilden zu können und durchaus verstehen, dass Natur und Umwelt besonders wichtig sind." (Transkript FG_15: 171–173)* Weitere Argumente, die Studierende bringen sind der **Umgang mit Ressourcen**, um Güter aufzuwerten sowie ihnen einen neuen Wert zu schenken, indem sie in neue Produkte umgewandelt werden **(Upcycling) anstatt** ihre Ausgangsstoffe wiederzuverwerten (**Recycling**). *„Und ich weise sie halt auch darauf hin: Was ist in der Zukunft? Was passiert mit dem Zeug? Wir schauen, dass wir gemeinsam halt Sachen ‚upcyceln' und nicht schauen, dass wir es recyclen." (Transkript FG_11: 384–386)* Überdies wird das Potenzial erkannt, dass **gemeinsame Aktivitäten** auch für das spätere Leben **motivieren** können: *„Und dann pusht man sich eben wieder gemeinsam und schafft das vielleicht doch irgendwie besser. Wenn die das als Junger schon so mitkriegen, ist das sicher nicht schlecht für das weitere Leben." (Transkript FG_12: 290–292)* Die Bedeutung dieses Bildungsauftrages für sie als zukünftige Lehrperson wird auch **begründet für eine spätere gesellschaftliche Rolle** der Lernenden: *„Dass ich einfach auch den Schülern vermittle, welche Aufgaben für die Gesellschaft wichtig sind, welche Rolle sie haben. Und dass man ohne diese Aufgaben eigentlich in einer Gesellschaft nicht zurechtkommt, dass man nicht weiterkommt als Gesellschaft." (Transkript FG_12: 303–307)*

Eine Person merkt das **Versäumnis** an, dass die Thematik in der eigenen Schullaufbahn kaum bzw. nicht präventiv aufgegriffen wurde: *„Man hätte das Thema trotzdem schon irgendwie thematisieren und aufgreifen können, wie wichtig das Thema Natur und Umwelt einfach generell auch schon ist. Nicht nur, wenn es dann quasi kurz vor zwölf ist." (Transkript FG_15: 252–255)*

Argumente für ein „WIE"

Einige wünschen sich für die Menschen mehr **Schulungen** sowie eine stärkere **Medienpräsenz** für pressante Themen: *„Ja, auch mit Schulungen oder dass das einfach noch viel mehr Präsenz in den Medien wird, dass sich wirklich noch viele Menschen überlegen ‚Okay, es ist jetzt wirklich an der Zeit, dass wir handeln.'"*

(Transkript FG_10: 196–199) Dies wird auch in Bezug auf die Rolle als Erzieher:in bzw. als Ansprechperson gesehen: *„Und natürlich auch in einer gewissen Rolle halt Erzieh- und Ansprechperson und Vertrauensperson für die Kinder sind." (Transkript FG_9: 202–204)*

4.4.2 Gesellschaftliche Verantwortung in der Sicht der Studierenden

In insgesamt 14 Transkripten lassen sich 77 Codes zuordnen (diese Zahl ergibt sich aus allen Subkategorien), in denen Studierende ihre **gesellschaftliche Verantwortung** ansprechen. *„Ich glaube, dass sich viele Menschen irgendwie nicht bewusst sind, wie viel Verantwortung wir da eigentlich tragen und wie viel wir in der Zukunft eigentlich verändern können, was eigentlich voll schade ist." (Transkript FG_6: 357–359)*

In allen 16 Transkripten wird die Wichtigkeit eines „**MITEINANDERS**" für ein gutes Leben erwähnt. Beispielsweise wird formuliert: *„Ich finde,... also, dass nur ein Miteinander in der Gesellschaft funktioniert. Und dass man halt miteinander arbeiten muss, damit halt einfach ein schönes oder gutes Leben entsteht." (Transkript FG_16: 59–61)* Fünf Fokusgruppen sprechen an, dass dieses Miteinander von Wertschätzung anderen gegenüber geprägt ist und sich in einer **wertschätzenden Gesprächskultur** äußert.

Zudem wird festgehalten, dass diese **Gesprächskultur auf Social Media** nicht immer gewaltfrei verläuft *„Ja das ist ein Trend, den ich ein bisschen mit Sorge betrachte. Dass wir eben wegkommen, vom Miteinander-Reden. Weil sich einfach die Gesprächskultur verändert hat. Also ich glaube, die Verdächtigen stehen fest, aber das ändert jetzt einfach nichts daran." (Transkript FG_3: 82–85)* Als Vorteil wird angeführt, dass über solche Plattformen **mehr Informationen bereitgestellt** werden: *„Obwohl ich sagen muss, dass oft auch wieder durch das Social Media oft wieder einfacher geworden ist, weil, ich folge auch manchen auf Instagram, die halt irgendwo auf der Welt verstreut sind, wo man dann gewisse Sachen mitkriegt." (Transkript FG_2: 308–310)*

Ein Miteinander setzt aus der Sicht der Studierenden entsprechende „**HALTUNGEN**" gegenüber anderen voraus. So wird ein **respektvoller Umgang** in sämtlichen Diskussionen angesprochen. *„Wichtig in einer Gesellschaft – also für das Miteinander in einer Gesellschaft ist halt, dass man aufeinander hört, dass man gegenseitig halt Respekt zeigt – egal – es gibt halt verschiedene Gesellschaften." (Transkript FG_11: 29–32)* Auch die **Offenheit** gegenüber anderen wird in zehn Fokusgruppen diskutiert. *„Ja, was mir da jetzt aufgefallen ist bei allem, was ihr* *jetzt gesagt habt – ich habe sofort an Werte gedacht. So diese grundlegenden Werte wie eben Zusammenhalt, Offenheit, respektvoller Umgang, auch die Akzeptanz." (Transkript FG_2, 122–124)*

Fünf Fokusgruppen sprechen auch über **Toleranz** und **Akzeptanz für Mehrdeutigkeit**. *„Mir ist eigentlich auch als erster Begriff sofort Toleranz eingefallen, weil, man muss nicht alles – obwohl Akzeptanz wahrscheinlich noch besser ist als Toleranz. Aber man muss ja nicht alles verstehen, man muss nicht alles irgendwie als eigene Meinung annehmen." (Transkript FG_7: 69–72)*

In zwölf Transkripten werden „**WERTE**" wie z. B. Gleichberechtigung, Gerechtigkeit, Vielfalt, u. a. angesprochen. Eine Wortmeldung wird so formuliert: *„Gleichgerechtigkeit bei diversen Handlungen, oder generell immer. Weil, eine Gesellschaft ist für mich das Zusammenwirken von einzelnen individuellen Personen und was man da gemeinsam macht." (Transkript FG_9: 43–45)* In zwölf Fokusgruppen-Diskussionen nehmen Studierenden Stellung dazu, wie wichtig es für sie ist, sich für **Ungerechtigkeiten und Gleichberechtigung** einzusetzen. Eine Person spricht an: *„Zum Beispiel Deutschland, da ist ja auch die Kinderarmutsrate total hoch,... irgendwie denkt man immer nur an die Entwicklungsländer..., dass es bei Armut daheim auch viel zu tun gäbe." (Transkript FG_7: 181–185)*

Für einige Studierende ist die **Gemeinwohlorientierung** bedeutsam. Sie bringen sich über gemeinwohlorientierte Organisationen in die Gesellschaft ein. Eine Person erzählt: *„Lokal arbeite ich seit drei Jahren für eine Organisation, die nennt sich ‚Active'. Die veranstaltet sozusagen Freizeitaktivitäten für beeinträchtigte Menschen. Und mit diesen Menschen fahren wir sozusagen dann mehrmals im Monat zu einer Wanderung oder gehen essen." (Transkript FG_9: 177–180)*

Andere bieten **Hilfestellungen** an, damit sie schwierige Zeiten überstehen: *„Dass ich aus meiner Erfahrung oder aus meiner Vergangenheit in schweren Zeiten versuche, dass ich anderen helfe, diese zu überwältigen." (Transkript FG_9: 187–191)*

Ebenso wird die Verantwortung für die Umwelt angesprochen und ein **aktiver Beitrag** und **Engagement** der Gesellschaft für ein **funktionierendes Ökosystem** werden eingefordert: *„Dann ist mir eben irgendwie so vorgekommen, dass irgendwie auch unsere Gesellschaft sehr viel tun muss, dass die Ökosysteme funktionieren." (Transkript FG_14: 267–269)* Eine Person sieht in diesem Auftrag auch eine Notwendigkeit *„Ja, als Gesellschaft haben wir irgendwie die Aufgabe oder – das Ganze zu retten, was wir mehr oder weniger zerstört haben." (Transkript FG_12: 349–350)* Dabei wird das Potenzial einer Bewusstseinsbildung für ein **kritisches Selbstverständnis** gesehen, das eigene Umfeld anzuregen. *„Das Bewusstmachen auch in meinem Umfeld, das darüber Reden kann die Menschen* *in der Denkweise oder so mal zum Denken anregen und das kann dann halt Kettenreaktionen auslösen. Dass sich einfach das Bewusstsein von den Menschen zur Umwelt verbessert." (Transkript FG_1: 258–261)*

4.4.3 Systemtheoretische Sicht auf Verantwortung

Verantwortung lässt sich nicht nur als individuelle Verantwortung betrachten, sondern auch als ein **kollektives Phänomen**, das sich aus dem Zusammenspiel von verschiedenen Akteur:innen und Faktoren innerhalb eines Systems ergibt. Das zeigt sich ebenfalls in zwölf Aussagen von Studierenden, die eine Notwendigkeit sowie dringenden **Bedarf** sehen, dass zum Beispiel aktuelle **Informationen zur Umweltsituation** bereitgestellt werden: *„Ich glaube, dass viele Leute noch gar nicht auf dem Punkt sind, dass sie das so realisieren können, wie schlimm es eigentlich wirklich um unsere Umwelt steht. Und ich glaube, da ist genau, das ist der Punkt: diese Informationen weitergeben." (Transkript FG_4: 309–312)*

Vereinzelt wird auch der **Unmut** geäußert, dass die **Erwartungen an jüngere Generationen** sehr hoch sind und die Maßnahmen nicht die richtigen Generationen erreichen. *„Ja aber, wie ich gesagt habe, es ist ja komisch, dass das von uns erwartet wird. Wo in den großen Sitzen der Welt lauter Boomer und Millennials sitzen, die 50 + sind. Meistens weiße Männer. Und die das anscheinend am wenigsten erreicht, also, ja." (Transkript FG_7: 322–325)* Hinzu kommt, dass aus Sicht von Studierenden **Maßnahmen** für jüngere Generationen, die z. B. Nachhaltigkeit unterstützen, **oft nicht leistbar** sind: *„Also, viele Sachen sind ja auch viel teurer oder wenn du darauf achtest, dass du Fair-Trade-Kleidung nutzt, dann ist die ja oft teurer und gerade für Studenten finanziell einfach nicht tragbar." (Transkript FG_7: 334–336)*

Es wird vorgeschlagen, stärker **auf die Wissenschaft** zu hören und **weniger auf Politiker:innen**, die sich nicht im gleichen Ausmaß mit Nachhaltigkeit befasst haben. Für eine Person ist es wichtig: *„Wenn man die Verantwortung für das Ganze vielleicht ein bisschen der Politik entziehen würde. Weil... die keine Ahnung haben...* [und] *auf die Experten, die sich wirklich auskennen, die Wissenschaftler, die sich wirklich damit befassen, nicht hören wollen." (Transkript FG_5: 167–171)*

Insgesamt wird über die letzten Jahrzehnte festgestellt, dass Staaten sehr stark fokussiert auf eigene Interessen sind und mangels „globaler Gesetze" **nicht ausreichend Veränderungen passieren**. *„Aber das ist ja eigentlich genau das, dass Jahrzehnte lange schon über dieses CO2-Senken und Klimaabkommen und so wird ja wie lange schon diskutiert. Aber es verändert sich halt nichts." (Transkript FG_1:*

354–356) Eine Wortmeldung spricht zudem **mangelnde gesetzliche Vorgaben** an: *„Was mir da noch einfällt, um eben das Verhältnis zwischen den Menschen zu klären, braucht es Gesetze, Regeln, Normen." (Transkript FG_5, 19–20)* Ebenso wird in den Diskussionen auf die **Bedeutung von Demokratie** hingewiesen. *„Ich muss da sofort an ein Zitat von meinem Geschichtelehrer denken. Der hat früher immer gesagt ‚Wenn man in einer Demokratie schläft, wacht man in einer – [Diktatur] auf'." (Transkript FG_7: 55–57)*

4.4.4 Welche Herausforderungen nehmen Studierende in den Blick

In den Fokusgruppen-Diskussionen fällt auf, dass die Lehramtsstudierenden in Bezug auf eine Verantwortung für Gesellschaft und Umwelt in verschiedenen Teilen der Fokusgruppen-Diskussionen auf Herausforderungen hinweisen, aber auch Möglichkeiten aufzeigen, wie damit umgegangen werden kann. In den exemplarisch hier dargestellten Wortmeldungen zeigt sich, dass Studierende generell die Bedeutung des **Demokratiebewusstseins** betonen. Im Speziellen werden Werte, Haltungen und auch der Zusammenhalt sowie ein wertschätzender Umgang eingefordert. *„Dass schon unsere Generation auch immer mehr merkt, wie wichtig Demokratie ist. Vor allem auch verschiedene Covid-Maßnahmen, wo dann vielleicht irgendwelche Menschenrechte da ein bisschen nicht ganz so eingehalten werden... bekommen auch gerade wir Jungen die Panik." (Transkript FG_7: 359–363)* Der Auftrag eines **Perspektivenwechsels** wird ebenso gesehen und es wird festgehalten: *„Vielleicht ist da auch der Perspektivenwechsel wichtig.... Weil, gerade auch bei Corona man sich in wen anderen reinversetzen muss, wenn das für den gerade schlimm ist oder wenn sich der da besonders Sorgen macht." (Transkript FG_12: 321–326)*

Studierende sehen zudem Potenzial im **Miteinander anstatt Gegeneinander**, um auch sich selbst weiterentwickeln zu können. *„Ich finde, dass ein Individuum nur in Kooperation weiterkommt im Leben und im Handeln... und da wäre vielleicht auch der Spruch: miteinander statt gegeneinander glaube ich ganz passend." (Transkript FG_9, 67–71)* Dieses Miteinander wird zugleich in Bezug auf **Machtverhältnisse** hinterfragt und es wird auf die Gefahr von Machtmissbrauch aufmerksam gemacht. So formuliert jemand: *„Wenn ich auch an diese Begriffe ‚Miteinander' und ‚Gesellschaft' denke, denke ich auch genauso an Machtverhältnisse,... und wo es Macht gibt, gibt es auch meistens einen Machtmissbrauch, leider." (Transkript FG_1: 103–107)*

In den Diskussionen wird zudem die **Einhaltung der Menschenrechte** mehrmals angesprochen, so z. B. anlässlich der Weltmeisterschaft in Katar 2022, dass *„gewisse Grundrechte auch eingehalten werden.“ (Transkript FG_8, 30–31)* oder wie eine andere Person formuliert: *„Wenn man jetzt bezogen auf die Umwelt größer sieht, dann ist es schon ein bisschen schwieriger..., dass solche Grundrechte eingehalten werden und dass die Menschenrechte auch aufrechterhalten bleiben und dass man das dann auch nicht verändert.“ (Transkript FG_8: 96–99)*

Zusätzliches Potenzial wird in **mehr Akzeptanz** gesehen. Es wird angeführt *„Was noch viel mehr kommen sollte, dass man halt alles und jeden akzeptiert und jeden so akzeptiert, wie er ist. Auch nicht immer in diesen Schubladen denken, dass jeder irgendwo reinpassen muss. Und halt sich selbst vertreten kann.“ (Transkript FG_7, 115–118)* Es wird auf die **Bedeutung von Werten** hingewiesen sowie angemerkt: *„Dass das in der Gesellschaft einfach erst einmal vermittelt werden muss oder weitergegeben werden muss, dass es einfach gewisse Werte gibt, dass es wichtig ist, auf die Umwelt zu schauen.“ (Transkript FG_8, 166–169)* Auch, dass eine westlich orientierte oder eurozentrische Sichtweise eingenommen wird, weil *„es da auch ein Ungleichgewicht auf der Welt gibt, in dem Sinne, dass es Gesellschaften gibt, die zum Teil davon überzeugt sind, dass ihre Gesellschaft besser ist als die anderen.“ (Transkript FG_1, 42–44)*

Die Studierenden merken ebenso an, dass es essenziell ist, dass sie **ins Handeln kommen**. Es wird beklagt: *„Oft wird halt einfach so viel besprochen, was geändert gehört, aber dass nachher das wer so in die Hand nimmt und nachher dann einfach mal beginnt, etwas daran zu ändern, dass passiert halt dann eigentlich fast nie.“ (Transkript FG_2: 236–238)*

Sie bringen auch Antworten und führen **Gründe an, warum** sie selbst oder andere nicht ins Handeln kommen, und führen an: *„Da müsste man sich selber vielleicht so ein bisschen aufraffen. Damit man dann gleich was tut.“ (Transkript FG_2: 266–267)* Oder sie geben den **Verzicht** an, der **schwerfällt** *„weil man ja so viele Gewohnheiten schon hat... zu der Gesellschaft vielleicht gehören möchte.“ (Transkript FG_16, 280–283)* Als weitere Gründe erwähnen sie, dass **Eigentum** zu sehr im Vordergrund steht: *„Es gibt so viele Haushälter, die zwei, drei Autos haben“ (Transkript FG_11, 337–338)* und *„das Geld einfach in unserer Gesellschaft regiert.“ (Transkript FG_11, 429)* Eine Person erwähnt das **Geld- und Machtstreben** als wichtigsten Faktor, der Menschen davon abhält, nicht aktiv zu werden. Für sie ist gewiss: *„Also, wenn das Finanzielle nicht wäre, ich glaube, dann – also, wenn wir jetzt alle sagen: ‚Ja, machen wir alles, easy, wir haben alle keine finanziellen Verluste, da gibt es keine Auswirkungen!‘, dann würden alle sofort umsteigen auf Ökomaßnahmen.“ (Transkript FG_7, 295–298)* Ebenso zeigt sich für die Studierenden, dass Menschen *„lokal denken und nicht so sehr global." (Transkript FG_15, 133)* Nicht zuletzt wird ein sich ausbreitender **Egoismus** angemerkt, der es schwierig macht, Menschen zu Veränderungen zu bewegen. *„Gerade jetzt so in der Zeit mit Egoismus und so wird das einfach immer schwieriger, dass man wirklich die Menschen dazu bewegt, etwas zu ändern und darüber nachzudenken, was wirklich jeder Einzelne ändern müsste, dass wirklich etwas passiert." (Transkript FG_11: 172–175)*

Mehrere Studierende sehen **fehlende Aufklärung** und fühlen sich selbst **machtlos gegenüber großen Konzernen**. Eine Person schildert: *„Also, dass auch die Großen – die Fabriken und Firmen und so – dass man da fast chancenlos ist oder sich fühlt so, als normaler – als ein Teil der Gesellschaft." (Transkript FG_12, 344–346)* Das führt häufig zum Denken: *„Als einzelne Person kann man noch nichts bewirken oder nichts umsetzen und wenn das nur ich mache, dann bringt das sowieso nichts." (Transkript FG_7, 277–279)* Als weitere Begründung wird angemerkt, dass die **Medien wenig aktuelle Informationen** bereitstellen: *„Wenn man das jetzt nicht gerade mitgekriegt hat, was da eigentlich passiert ist, dann hat man es eigentlich schon wieder fast vergessen oder halt – wie gesagt – gar nicht mitgekriegt. Und das, finde ich, ist halt auch ein Problem." (Transkript FG_6, 376–379)* Dies wird von einer weiteren Person als problematisch kommentiert, *„weil manche Menschen sich zu viel auf andere eben verlassen" (Transkript FG_6, 367–368)* und Probleme nicht mehr sichtbar gemacht werden.

Eine andere Person ist der Meinung, dass das **globale Denken** nicht so oft vorkommt. Sie legt dar: *„Ich finde das globale Denken irgendwie, das kommt nicht so oft vor irgendwie. Es wird viel mehr so ‚Ja, wie ist das jetzt bei uns?' und es wird voll oft vergessen, wie es eigentlich anderen Leuten auf der Welt [geht]." (Transkript FG_2, 289–291)* Zugleich wird ergänzt, dass es schwerfällt, weil es wenig greifbar ist: *„Es ist viel einfacher herzugehen und zu sagen was mich selber betrifft, aber jetzt eben an jemanden zu denken der am anderen Ende der Welt ist, das ist so surreal." (Transkript FG_2, 301–304)* Studierende nehmen sich auch selbst in die Pflicht, wenn sie formulieren: *„Dass ich selbst ein gutes Beispiel bin, also dass ich auch nachhaltig lebe bzw. die Werte, die mir wichtig sind, dass ich die auch wirklich auslebe." (Transkript FG_5, 250–252)*

4.4.5 Welche Lösungen nehmen Studierende in den Blick?

In 14 Transkripten zeigen Studierende Überlegungen, wie aus ihrer Sicht mit den heutigen Herausforderungen umgegangen werden soll. Eine Person merkt

z. B. an, dass eine **stärkere Vernetzung** zu anderen Gebieten zu einem **vertieften Bewusstsein** im Hinblick auf Klimaveränderungen führen kann. Sie regt an: *„Dass man sich eben über die Landesgrenzen hinaus vernetzt und ja, auch das sieht." (Transkript FG_16: 146–149)*

Studierende sehen die Notwendigkeit, Menschen zum **Umdenken** zu bringen über die **Mobilisierung von Menschen**, um eine breitere Wirkung zu erzielen. *„Und wenn das immer mehr machen, dann sind es auf einmal nicht mehr nur drei Leute, die das machen, sondern ganz, ganz viele. Und das merkt man dann in der Summe auf jeden Fall schon." (Transkript FG_15: 181–183)* Eine große Stärke wird im **gemeinsamen Tun** erkannt. Dabei wird auch die Selbstverantwortung gesehen, *„auch Initiativen* [zu] *ergreifen und selbst da auch* [zu] *überlegen." (Transkript FG_15: 260–261)*

Andere sehen in der **Kooperation** auch die Bedingung für eine Weiterentwicklung und es wird ergänzt: *„Ich finde, dass ein Individuum nur in Kooperation weiterkommt im Leben und im Handeln." (Transkript FG_9: 67–68)* Diese Kooperation wird auch dahin gehend weitergedacht, dass **Gesellschaft und Umwelt gemeinsam zu denken** sind. Eine Person erläutert: *„Dass man halt mit der Gesellschaft die Umwelt oder in der Umwelt agieren muss und halt das Miteinander und eben mit der Gesellschaft zusammen die Umwelt verbessern muss und dass das halt einhergeht und nichts von beiden alleine sein kann." (Transkript FG_7: 416–419)* Potenzial wird dem achtsamen **Umgang mit Ressourcen** zuerkannt. Diesbezüglich wird festgehalten: *„Dass immer alles weggeschmissen wird. Dieses Reparieren, das ist so weggekommen. Weil es eben leider Gottes, das ist so traurig, dass es heutzutage oft billiger ist, man kauft sich was neu, anstatt dass man es reparieren lässt." (Transkript FG_2: 411–414)*

4.4.6 Zusammenfassung der bildungswissenschaftlichen Perspektive

Lehramtsstudierende diskutieren in 16 Fokusgruppen über die Wichtigkeit des Bildungsauftrags in der Volksschule und nehmen in 50 Wortmeldungen hierzu Stellung. Sie argumentieren für eine frühe Auseinandersetzung mit der Bedeutung der Umwelt für den Menschen und betonen die Bedeutung des Auftrags für die zukünftige Rolle der Lernenden in der Gesellschaft. Sie erkennen das Potenzial gemeinsamer Aktivitäten, um Schüler:innen für das spätere Leben zu motivieren und betonen die Notwendigkeit, Schüler:innen den Umgang mit Ressourcen und die Bedeutung des Upcyclings beizubringen.

In insgesamt 14 Transkripten sprechen die Studierenden über die gesellschaftliche Verantwortung, die mit ihrem Beruf verbunden ist. Sie heben die Wichtigkeit eines Miteinanders in der Gesellschaft hervor und dass dieses Miteinander von Wertschätzung anderen gegenüber geprägt ist. Sie reden auch darüber, dass Social Media die Gesprächskultur verändert hat, aber auch dass solche Medien positive Aspekte haben, indem mehr Informationen bereitgestellt werden können. Die Studierenden betonen die Bedeutung von Haltungen wie Respekt, Offenheit und Toleranz für ein erfolgreiches Miteinander in der Gesellschaft.

In zwölf Aussagen von Lehramtsstudierenden wird die Notwendigkeit betont, dass zuverlässige Informationen zur ökologischen Krise bereitgestellt werden müssen, um die gesellschaftliche Verantwortung zu verstehen sowie darauf zu reagieren. Über die hohen Erwartungen an jüngere Generationen und die Tatsache wird geklagt, dass Maßnahmen zur Unterstützung von Nachhaltigkeit oft nicht finanziell tragbar sind. Die Studierenden schlagen vor, stärker auf die Wissenschaft zu hören und weniger auf Politiker:innen und betonen die Notwendigkeit von gesetzlichen Vorgaben sowie globalen Gesetzen, um Veränderungen zu erreichen.

In den Fokusgruppen-Diskussionen werden Herausforderungen in Bezug auf Verantwortung für Gesellschaft und Umwelt angesprochen und Möglichkeiten aufgezeigt, wie damit umgegangen werden kann. Auf die Bedeutung des Demokratiebewusstseins wird hingewiesen und auf Werte, Haltungen sowie Zusammenhalt und wertschätzenden Umgang eingegangen.

Auch die Notwendigkeit eines Miteinanders wird betont, wobei die Gefahr von Machtmissbrauch kritisch hinterfragt wird. Die Einhaltung der Menschenrechte wird mehrmals angesprochen.

In den 16 Transkripten wird überlegt, wie sich Herausforderungen bezüglich Umwelt und Gesellschaft bewältigen lassen, und die Studierenden betonen die Notwendigkeit von Vernetzung und gemeinsamen Aktionen, um Veränderungen zu erreichen. Sie sehen auch Potenzial im achtsamen Umgang mit Ressourcen und betonen die Wichtigkeit von Kooperation und Selbstverantwortung.

5 Diskussion und methodische Reflexion

Die Resultate dieser Studie beruhen auf qualitativen Analysen nach Kuckartz (2018) und werden entsprechend der Strukturierung im Ergebnisteil unter Punkt 5.1 interpretiert und diskutiert. Unter Punkt 5.2 wird die Studie hinsichtlich der eingesetzten Methoden reflektiert und die Analyse der Daten wird kritisch betrachtet und hinterfragt, sodass Rückschlüsse in Bezug auf die Qualität der Studie und die dargestellten Ergebnisse ermöglicht werden.

Die Interpretation und Diskussion erfolgen strukturiert entsprechend den vorgestellten untersuchungsleitenden Fragen (siehe Punkt 3.1). Die Ergebnisse werden dabei dem sozio-ökologischen Modell nach Bronfenbrenner (1979) zugeordnet. Dieses Modell zeigt, dass das Individuum als Teil eines größeren und komplexeren Systems zu verstehen ist (siehe Abb. 8). Bronfenbrenner (1979) führt in seinem Werk weiter aus, dass die Strukturen und Systeme in Beziehung miteinander stehen.

Das Modell nach (Bronfenbrenner, 1979) zeigt Mikrosysteme und sieht darin das Individuum, das mit den Mesosystemen (Kommunen, Gemeinden, Schulen etc.) den Exosystemen (Massenmedien, Politik, Regierungsinstitutionen) sowie den Makrosystemen (Ideologien einer Kultur) in Wechselwirkung tritt und erörtert diese Wechselwirkungen innerhalb eines einzelnen Systems aber auch zwischen den Systemen. Der Theorie Bronfenbrenners (1979) zufolge reagiert das Individuum auf seine Umwelt und die Umwelt prägt wiederum das Individuum, sodass Erfahrungen und der Kontext Teil der Person werden.

I. Geier, *Die Verantwortung für Gesellschaft und Umwelt in der Wahrnehmung von zukünftigen Lehrpersonen*, BestMasters,
https://doi.org/10.1007/978-3-658-51403-7_5

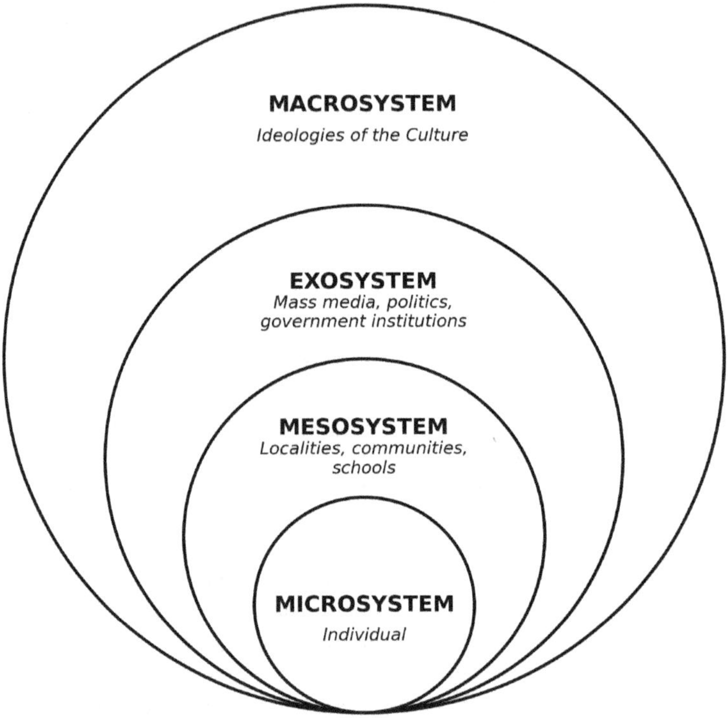

Abbildung 5.1 Socio-ecological model adopted from Bronfenbrenner's ecological model of human development – Eigene Darstellung in Anlehnung an: "Ecological Models of Human Development," by U. Bronfenbrenner, 1994, in International Encyclopedia of Education (pp. 37–42), Oxford, UK: Elsevier

5.1 Interpretation und Diskussion der Ergebnisse in Bezug auf die Forschungsfragen

5.1.1 Lehramtsstudierende und ihr gesellschaftlicher Auftrag

Forschungsfrage 1
Welchen Auftrag sehen Lehramtsstudierende in ihrer gesellschaftlichen Rolle?

Zur Beantwortung der ersten Fragestellung werden verschiedene Teilergebnisse herangezogen:

Die Ergebnisdarstellung (siehe Kapitel 4) zeigt, dass Studierende in ihren Diskussionsbeiträgen, verschiedene Perspektiven einnehmen. Sie diskutieren zum einen in der Rolle als Individuum sowie zum anderen in der Rolle als zukünftige Lehrperson. Die Grafik im Ergebnisteil (siehe Abbildung 4.2) verdeutlicht, dass die Studierenden vorwiegend in ihrer Rolle als Individuum argumentieren. Sie adressieren dabei verstärkt die Selbstverantwortung, wenn sie von einem notwendigen Beitrag entsprechend individuellen Stärken und unabhängig der Position jeder bzw. jedes Einzelnen sprechen. Wesentlich ist für sie, dass ein gemeinsames Ziel verfolgt wird (z. B. dem Klimawandel entgegenzuwirken) sowie globale Auswirkungen Berücksichtigung finden. Dabei nehmen sie sich selbst in die Pflicht, z. B., wenn es darum geht, entsprechend Informationen einzuholen – darin sehen sie eine Holschuld – oder Handlungsspielräume auszuloten, wie sie auf aktuelle Ereignisse reagieren können. Anders als in der vorgestellten Studie von Aarnio-Linnanvuori (2019) werden Handlungsspielräume nicht als gering wahrgenommen. Die Studierenden können eigene Gestaltungsoptionen einschätzen und wissen, dass gemeinsame Aktionen mehr Breitenwirkung erzielen können. In der Vorbildwirkung sehen sie zudem großes Potenzial, andere Mitbürger:innen zum Mitmachen anzuregen, im Speziellen im Hinblick auf eine nachhaltige Lebensweise und die damit verbundenen Werte.

In ihrer gesellschaftlichen Rolle als zukünftige Lehrpersonen zeigt sich, dass Studierende ebenfalls einen essenziellen Auftrag für sich wahrnehmen. Sie erkennen die Möglichkeit und die damit einhergehende Chance als zukünftige Lehrpersonen über einen Bildungs- und Erziehungsauftrag relevante Themen wie Umweltschutz bereits frühzeitig mit jungen Schüler:innen bearbeiten zu können, entsprechendes Wissen bereitzustellen sowie Werte zu vermitteln. Auch in der Rolle der Lehrperson wird die Vorbildrolle in und außerhalb der Schule in die Diskussion eingebracht und in Bezug auf ein ökologisches Bewusstsein und Nachhaltigkeit verknüpft.

Zusammengefasst lässt sich die Forschungsfrage 1 damit beantworten, dass Lehramtsstudierende sowohl in ihrer Rolle als Individuum als auch als zukünftige Lehrpersonen einen wichtigen Auftrag sehen. Eine individuelle soziale Verantwortung ist insofern bedeutungsvoll, als sie z. B. auch als Prädiktor für eine globale soziale Verantwortung herangezogen werden kann, wie die aktuelle Studie von Körükcü und Tangülü (2021) zeigt (siehe Punkt 2.1.1). Ebenso wertvoll ist es, dass Studierenden die Notwendigkeit sehen, relevante Themen wie Umweltschutz über ihren Bildungs- und Erziehungsauftrag frühzeitig mit Schüler:innen zu bearbeiten, Wissen diesbezüglich bereitzustellen und Werte zu vermitteln. Sie wissen um die Bedeutung der Vorbildrolle in und außerhalb der Schule, insbesondere im Hinblik auf ökologisches Bewusstsein und Nachhaltigkeit.

Im Hinblick auf die Zuordnung zu bestimmten Ebenen des sozio-ökologischen Modells von Bronfenbrenner (1979) zeigt sich, dass die Ergebnisse, die auf die Rolle der Studierenden als Individuen und ihre eigene Verantwortung Bezug nehmen, dem **Microsystem** zugeordnet werden können, da sich die Studierenden in ihrem direkten Umfeld beschreiben und auch in ihrer eigenen Entscheidung die Verantwortung für Gesellschaft und Umwelt übernehmen.

Anders verhält es sich mit den Ergebnissen, die auf Wechselwirkungen zwischen den Studierenden sowie ihrer zukünftigen Rolle als Lehrperson Bezug nehmen. Sie sind dem **Mesosystem** zuzuordnen. Hier erweist sich, dass die Studierenden in ihrer Rolle als zukünftige Lehrperson Verantwortung für Gesellschaft und Umwelt in ihrem Beruf beschreiben und welchen Bezug sie zu ihrer individuellen Rolle sehen. Die Ergebnisse verdeutlichen zudem, dass Lehramtsstudierende die Möglichkeit sehen, relevante Themen wie Umweltschutz und Nachhaltigkeit frühzeitig im Unterricht aufzunehmen und Wissen sowie entsprechende Werte zu vermitteln.

Jene Ergebnisse, die Bezug auf die Vorbildrolle und globale Auswirkungen von Handlungen nehmen, lassen sich dem **Exosystem** zuordnen, nachdem sie beschreiben, dass sie indirekt Einfluss auf andere Menschen und die Gesellschaft nehmen und sich dieser Verantwortung bewusst sind.

5.1.2 Lehramtsstudierende und ihre Verantwortung für Gesellschaft und Umwelt

Forschungsfrage 2
Wie beschreiben Lehramtsstudierende ihre Verantwortung für Gesellschaft und Umwelt?

Um diese Frage zu beantworten, wird zunächst der Blick auf die verschiedenen Sichtweisen der Studierenden auf Gesellschaft und Umwelt gerichtet.

In den Fokusgruppen zeigt sich, dass die Begriffe Gesellschaft und Umwelt überwiegend in Verbindung zueinander gedacht werden. Für die untersuchten Studierenden sind Gesellschaft und Umwelt eng miteinander verbunden und beeinflussen sich gegenseitig. Die Studierenden zeigen ähnlich wie in der vorgestellten Studie (siehe Punkt 2.1.1) von Nakamura und Watanabe-Muraoka (2006) ein „Verständnis von Interdependenz“ (Sliwka, 2004), wenn sie reflektieren, dass viele Dinge im Leben und in der Welt miteinander verbunden sind und dass die Veränderung eines Teiles auf andere Bereiche eine Auswirkung hat. Diese

Sichtweise, dass sich das Individuum als Teil eines größeren und komplexeren Systems verstehen lässt, zeigt sich ebenso in Bronfenbrenner (1979), der in seinem sozio-ökologischen Modell veranschaulicht, dass die Strukturen und Systeme in Beziehung zueinanderstehen. Viele Studierenden teilen diese Sichtweise, dass die Entwicklung der Gesellschaft Auswirkungen auf die Umwelt hat und umgekehrt. Als Beispiel werden der Klimawandel sowie die Zerstörung von Ökosystemen genannt. Die Studierenden erkennen den Einfluss von natürlichen Ressourcen und von Umweltbedingungen auf die gesellschaftliche Entwicklung und sehen, dass ein nachhaltiges Zusammenleben in der Gesellschaft einen verantwortungsvollen Umgang mit der Umwelt und den natürlichen Ressourcen erfordert. Dieses Ergebnis zeigt ebenfalls die Studie von Banos-González et al. (2021), die einen starken Zusammenhang von pro sozio-ökologischem Verhalten und der Wahrnehmung von Verantwortung dokumentiert.

Ein so interpretierter Verantwortungsbegriff zeigt einen starken Zusammenhang mit der Ökologie sowie Folgen einer Technisierung (Drahmann & Cramer, 2019, S. 18). Lehramtsstudierende sehen ihre Verantwortung in der Vermittlung von Wissen und Werten, die für ein verantwortungsbewusstes Handeln in Bezug auf Gesellschaft und Umwelt notwendig sind. Sie sind sich bewusst, dass sie als zukünftige Lehrpersonen eine bedeutende Rolle bei der Bildung der nächsten Generation haben und daher ihren Einfluss auf die gesellschaftliche Entwicklung nutzen sollten. Zudem tragen sie über die frühe Integration von Umweltthemen in den Unterricht zum Schutz der Umwelt bei.

In den Fokusgruppen wird aber ebenfalls sichtbar, dass dieses Denken nicht durchgängig vertreten ist. Einige Studierende erwähnen die Verbindung zwischen Gesellschaft sowie Umwelt nicht explizit oder verdeutlichen in den Diskussionen, dass sie die beide Begriffe getrennt betrachten. Das kann zu einer unzureichenden Berücksichtigung der Auswirkungen der gesellschaftlichen Entwicklung auf die Umwelt führen. Dadurch können Umweltprobleme wie der Klimawandel oder die Zerstörung von Ökosystemen unbeachtet bleiben und sich verschärfen. Ebenso können die Auswirkungen der Umweltbedingungen auf die gesellschaftliche Entwicklung unterschätzt werden, was wiederum zu unzureichenden Maßnahmen für ein nachhaltiges Zusammenleben führen kann. Hier gilt es in jedem Fall anzusetzen und über Lehrangebote oder andere Methoden Aufklärungsarbeit zu leisten und die Studierenden in verantwortungsbewussten Entscheidungsfindungen zu unterstützen.

In den Transkripten wird auch ersichtlich, dass Lehramtsstudierende in der Regel über ein hohes ökologisches Bewusstsein verfügen. Sie sind sich der Bedeutung eines verantwortungsvollen Umgangs mit der Umwelt bewusst und befassen sich über sämtliche Transkripte verteilt mit dem Prinzip der

Nachhaltigkeit u. a. über die Themen Umweltschutz, Erhalt von natürlichen Ressourcen, Bekämpfung von Klimawandel, Ausgleich von sozialen Ungerechtigkeiten, Transportwege, Ernährungsverhalten etc. Ebenso wird das eigene Handeln thematisiert und ein achtsamer Umgang und die Bedeutung eines kritischen Hinterfragens diskutiert.

Auch hier zeigt sich, dass das ökologische Bewusstsein der Studierenden unterschiedlich ausgeprägt sein kann. Einige Studierende weisen ein grundlegendes Verständnis auf für die Bedeutung des Schutzes der Umwelt und des verantwortungsvollen Umgangs mit natürlichen Ressourcen. Andere beschäftigen sich intensiver mit Umwelt- und Nachhaltigkeitsthemen und haben ein umfassenderes Wissen sowie eine tiefere Sensibilität für diese Themen. Dies lässt sich damit begründen, dass die Ausprägung des ökologischen Bewusstseins von verschiedenen Faktoren abhängen kann, wie z. B. persönlichen Erfahrungen oder der Art und Weise, wie jemand sozialisiert ist. Zum Beispiel können Menschen, die in engem Kontakt mit der Natur aufgewachsen sind oder regelmäßig Naturaktivitäten ausüben, ein stärkeres ökologisches Bewusstsein entwickeln. Auch die Art und Weise, wie jemand sozialisiert wird, spielt eine Rolle. Wenn z. B. in der Familie oder in der Schule Werte wie Nachhaltigkeit und Umweltschutz vermittelt werden, kann das dazu beitragen, dass ein vertieftes ökologisches Bewusstsein entsteht. Dieses Ergebnis zeigt sich auch in Bronfenbrenners (1979) Ansatz (siehe Abbildung 5.1), in dem gezeigt wird, dass die Entwicklung des Einzelnen in Bezug zu unmittelbaren Beziehungen wie Familie, Freundeskreis oder auch weiter gefassten Beziehungen (z. B. Vereinen, Arbeit etc.) steht. Die Ergebnisdarstellung zeigt zudem, dass Studierende nicht nur über Verantwortung sprechen, sondern sich in diesen Stellungnahmen selbst in die Pflicht nehmen. In Bezug auf eine Verantwortung für Gesellschaft und Umwelt lässt sich daher festhalten, dass sie sich bewusst sind, dass Gesellschaft und Umwelt in Wechselwirkung stehen und es wichtig ist, an die Umwelt zu denken, um überlebensfähig zu bleiben. Sie diskutieren die Auswirkungen des Klimawandels sowie des Einflusses des eigenen Handelns auf die zur Verfügung stehenden Ressourcen. Dieses Bewusstsein zeigt sich laut ihrer Einschätzung auch in ihrem persönlichen Handeln.

Zusammengefasst und dem sozio-ökologischen Modell Bronfenbrenners (1979) zugeordnet, lässt sich die zweite Forschungsfrage folgendermaßen beantworten:

Lehramtsstudierende haben laut den Ergebnissen der Fokusgruppen-Diskussionen ein hohes ökologisches Bewusstsein und setzen sich mit Nachhaltigkeit auseinander. Die Erfahrungen der Personen mit ihrem Umfeld kann als **Mikrosystem** (Bronfenbrenner, 1979) betrachtet werden. Sie nehmen einen wesentlichen Faktor in dieser Sichtweise ein. Sie sehen ihre Verantwortung darin, ihren Einfluss als Lehrpersonen auf die gesellschaftliche Entwicklung zu nutzen sowie Umweltthemen früh in den Unterricht zu integrieren. Einige Studierende betrachten Gesellschaft und Umwelt getrennt voneinander, was zu unzureichender Berücksichtigung von Umweltauswirkungen führen kann. Aufklärungsarbeit und Unterstützung in verantwortungsbewussten Entscheidungen erweisen sich als essenziell (siehe 5.2).

Bei weiterer Durchsicht der Ergebnisse zeigt sich, dass die Ergebnisse ebenso dem **Mesosystem** zugeordnet werden könnten, das auf die Beziehungen zwischen den verschiedenen Teilen des **Microsystems** Bezug nimmt. Damit sind direkte Beziehungen und Interaktionen von Menschen gemeint (z. B. zwischen Familie, Schule, Freunde etc.). Im Fall der vorliegenden Untersuchung diskutieren die Studierenden, wie sie als zukünftige Lehrpersonen ihr Handeln verantwortungsbewusst gestalten können, und sprechen ihren Bildungsauftrag für spätere Generationen an. Sie benennen Auswirkungen von gesellschaftlichen Entwicklungen sowie Verkettungen zwischen Gesellschaft und Umwelt.

5.1.3 Lehramtsstudierende und ihre Sicht auf lokales Handeln und globales Denken

Forschungsfrage 3
Welche lokalen bzw. globalen Ziele werden als Verantwortung für Gesellschaft und Umwelt wahrgenommen?

Für die Beantwortung der Forschungsfrage wird zunächst der Blick auf verschiedene Sichtweisen der Studierenden gerichtet. Die Ergebnisdarstellung (siehe 4.3) zeigt, dass Studierende verschiedene lokale und globale Sichtweisen in die Diskussion einbringen und damit verbunden Ziele definiert werden. So werden unterschiedliche Sichtweisen auf den Begriff *lokal handeln* in die Diskussion eingebracht. Für manche bedeutet es geografisch eingeschränkten Raum zu betrachten, für andere ist es eine Unmittelbarkeit und für einige bedeutet es, im sozialen Umfeld zu handeln. Beim Verantwortungsbegriff im Zusammenhang mit der Mitwelt zeigt sich mitunter ein philosophischer Zugang zum Begriff, indem der Gedanke der Verantwortung sowie damit zusammenhängende Handlungsfolgen über die Perspektive einer gemeinsamen Mitwelt beurteilt werden (Prechtl & Burkard, 2015, S. 645). Einige Studierende schreiben dem Begriff auch positive Aspekte wie persönliches Engagement und Einflussnahme auf das Umfeld zu. Andere sehen Begrenzungen sowie Verzicht auf größere Veränderungen. Insgesamt verdeutlicht die Studie, dass die Sichtweisen auf „lokal handeln" sehr unterschiedlich ausfallen und dass die Bedeutung des Begriffs für die Studierenden komplex ist.

Wenn Studierende die Bezeichnung „Globales Denken" ansprechen, ergeben sich ebenso unterschiedlich ausdifferenzierte Sichtweisen. Für manche bedeutet es, über den Tellerrand hinauszuschauen und die gesamte Welt im Blick zu haben oder sich als Teil einer „Weltgesellschaft" (Grobbauer, 2016, S. 20) zu verstehen. Andere betonen die Bedeutung von strukturellen Maßnahmen, die Auswirkungen auf die ganze Welt haben, während wieder andere die Bedeutung von Entscheidungen und dem eigenen Handeln hervorheben, welche die Umwelt und Mitmenschen beeinflussen. Einige verstehen globales Denken auch als die Erkenntnis, dass alles in Beziehung zueinandersteht und sich gegenseitig beeinflusst. Argumente, dass globale Ereignisse wenig greifbar für Studierende sind, lassen sich ebenfalls beobachten. Auch in der Literatur zeigt sich, dass Umweltereignisse dann eine große Wirkung auf den Menschen haben, wenn sie direkt mit der Person zu tun haben (Bronfenbrenner, 1979).

Ferner erweist sich, dass viele Studierende „lokale und globale Ziele gemeinsam denken". Sie machen deutlich, wie ihr lokales Handeln Auswirkungen auf die gesamte Welt hat, und betonen, dass lokale und globale Ziele zusammengehören. Einige sehen darin auch einen Bildungsauftrag und glauben, dass globales Denken noch zu wenig umgesetzt wird. Der Ausspruch „act local – think global" wird von mehreren Studierenden erwähnt und der Einfluss auf das Gesamtbild der Welt anerkannt.

Die Studierenden sprechen in den Fokusgruppen darüber, wie wichtig es ist, sozial-ökologische Verantwortung zu übernehmen. Sie betonen, dass die Gesellschaft für die Entwicklung der Umwelt verantwortlich ist und dass es wesentlich ist, Verantwortung sowohl gegenüber der Gesellschaft als auch gegenüber der Umwelt wahrzunehmen. Der Begriff Verantwortung wird zudem verwendet, wenn es um konkrete Probleme wie Müllverschmutzung oder Müllvermeidung geht. Aus Sicht der Studierenden ist es unabdingbar, Verantwortung für Gesellschaft und Umwelt zu übernehmen, ebenso wie Maßnahmen zu ergreifen, um die Umwelt zu schützen.

Zusammengefasst lässt sich Forschungsfrage drei nachfolgend beantworten:

Die Studierenden sprechen in den Fokusgruppen über verschiedene Ziele, die im Zusammenhang mit sozial-ökologischer Verantwortung und globalem Denken stehen. Einige Beispiele von Zielen, die von den Studierenden erwähnt werden, sind:

- Die Übernahme von Verantwortung für die Gesellschaft und die Umwelt.
- Der Schutz der Umwelt durch Maßnahmen.

- Das persönliche Engagement und die Einflussnahme auf das Umfeld.
- Über den Tellerrand hinauszuschauen und die ganze Welt im Blick zu haben.
- Die Bedeutung von strukturellen Maßnahmen, die Auswirkungen auf die gesamte Welt haben.
- Die Bedeutung von Entscheidungen und dem eigenen Handeln, was die Umwelt und Mitmenschen beeinflusst.
- Die Bedeutung von Nachhaltigkeit und Berücksichtigung von zukünftigen Generationen.

Eine Zuordnung der Ergebnisse zum Modell Bronfenbrenner (1979) zeigt, dass das Microsystem, das Mesosystem sowie das Macrosystem angesprochen werden. Das **Microsystem** insofern, als die direkte Interaktion der Studierenden mit dem sozialen Umfeld gezeigt wird und auch wie Studierende lokale und globale Ziele definieren. Das **Mesosystem**, da die Beziehungen und Interaktionen zwischen verschiedenen Elementen des Microsystems sichtbar werden, beispielsweise bei den Sichtweisen der Studierenden auf den Begriff „lokal handeln“ oder wie globale und lokale Ziele miteinander verbunden werden. Das **Macrosystem** hingegen zeigt sich, wenn von der Bedeutung von globalem Denken oder der Rolle von Bildung in diesem Kontext gesprochen wird und dadurch größere gesellschaftliche Faktoren Einfluss auf die Perspektiven und Handlungen der Studierenden ausüben.

5.1.4 Bildungswissenschaftliche Sicht auf Verantwortung für Gesellschaft und Umwelt

Forschungsfrage 4
Wie kann dieses Verständnis – das in den Ergebnissen sichtbar gewordene Verantwortungsverständnis der Studierenden – aus einer bildungswissenschaftlichen Sicht betrachtet werden?

Die Ergebnisse (siehe 4.4) lassen sich folgendermaßen zusammenfassen. Aus Sicht von zukünftigen Lehrpersonen betonen die Studierenden die Bedeutung des Bildungsauftrags in der Volksschule und argumentieren, dass es essenziell ist, dass Schüler:innen früh lernen, wie wichtig die Umwelt für den Menschen ist und wie man umweltschonend leben kann. Sie betonen zudem die Bedeutung der Vermittlung wichtiger Werte wie Umwelt und Gesellschaft.

Überdies zeigen die Ergebnisse, dass Lehramtsstudierende die Bedeutung einer gesellschaftlichen Verantwortung und eines Miteinanders für ein gutes

Leben für alle (Earth4all, 2022; Wintersteiner, 2021) betonen. Sie reflektieren, dass es wichtig ist, dass sich Menschen bewusst sind, wie viel Verantwortung sie tragen und wie viel sie in der Zukunft verändern können. Soziale Verantwortung zu übernehmen, ist überaus bedeutungsvoll (AAC&U, 2007) und unterstützt in einem selbstreflektierten Lernprozess „eine Haltung des Menschen im Sinne von Bildung, in der sich der Mensch zu sich selbst und zur Welt verantwortungsbewusst verortet“ (Horn & Adick, 2012, S. 196).

Die Studierenden betonen außerdem die Bedeutung von Wertschätzung anderen gegenüber und einer wertschätzenden Gesprächskultur. Auch erwähnen sie, dass Social Media nicht immer eine gewaltfreie Gesprächskultur fördert und dass es wesentlich ist, einen respektvollen Umgang und Toleranz in der Gesellschaft zu fördern. Sie heben die Bedeutung von Bildung und die Möglichkeit hervor, über Social Media mehr Informationen zu erhalten.

Auch in einer systemtheoretischen Sicht auf Verantwortung zeigt sich, dass sie nicht nur als individuelles Phänomen betrachtet wird, sondern als ein kollektives Phänomen, das sich aus dem Zusammenspiel von verschiedenen Akteur:innen und Faktoren innerhalb eines Systems ergibt. Die Studierenden unterstreichen die Notwendigkeit, dass vermehrt aktuelle Informationen zur Umwelt bereitgestellt werden sollen, und kritisieren, dass Maßnahmen zur Nachhaltigkeit für junge Generationen oft nicht leistbar sind. Sie schlagen vor, stärker auf die Wissenschaft zu hören sowie die Verantwortung für das Ganze von der Politik zu entziehen. Insgesamt wird festgestellt, dass die Staaten in den letzten Jahrzehnten stark auf eigene Interessen fokussiert und mangels „globaler Verantwortung“ die dringend benötigten Maßnahmen nicht ergriffen wurden (Grobbauer, 2017b).

Die Lehramtsstudierenden haben auch verschiedene Herausforderungen in Bezug auf ihre Verantwortung für Gesellschaft und Umwelt angesprochen. Sie betonen die Bedeutung, das Demokratiebewusstseins zu pflegen, und fordern von der Gesellschaft Werte, Haltungen und Zusammenhalt ein. Zudem sehen sie den Perspektivenwechsel als essenziellen Auftrag an und heben das Potenzial im Miteinander anstatt im Gegeneinander hervor. Die Studierenden hinterfragen überdies die Machtverhältnisse, sehen die Gefahr von Machtmissbrauch und fordern die Einhaltung der Menschenrechte. Darüber hinaus schlagen sie Möglichkeiten vor, wie man mit Herausforderungen umgehen kann, wie z. B. durch Bildung für nachhaltige Entwicklung und die Förderung von kritischem Denken.

Von Studierenden wird die Notwendigkeit gesehen, Herausforderungen im Hinblick auf Gesellschaft und Umwelt anzugehen. Sie betonen die Bedeutung von Vernetzung und Kooperation und auch die Notwendigkeit, Menschen zum Umdenken zu bewegen, und sehen die Stärke im gemeinsamen Tun. Bedeutsam sind für sie die Selbstverantwortung als „Metaverantwortung für normative Kriterien“ (Sombetzki, 2014, S. 161) sowie das Potenzial im achtsamen Umgang mit Ressourcen.

Zusammengefasst zeigen die Ergebnisse, dass die Lehramtsstudierenden die Bedeutung von Kooperation und achtsamen Handeln im Umgang mit Gesellschaft und Umwelt hervorheben.

Die Studierenden erkennen die Notwendigkeit, sich stärker zu vernetzen, um ein vertieftes Bewusstsein für die Klimaveränderungen zu erlangen sowie entsprechende Maßnahmen zu ergreifen. Sie betonen die Bedeutung der Kooperation und des gemeinsamen Handelns, um Veränderungen zu erzielen und fordern eine größere Selbstverantwortung und das Ergreifen von Initiativen. Sie heben auch die Wichtigkeit eines achtsamen Umgangs mit Ressourcen hervor.

Aus einer bildungswissenschaftlichen Perspektive kann man sagen, dass es wichtig ist, dass Schüler:innen in der Volksschule über die Bedeutung der Umwelt lernen und wie man umweltbewusst leben kann. Verantwortung wird als notwendige Voraussetzung für ein späteres Bürger:innenbewusstsein erachtet (Holzman et al., 2017), um sich für die Gemeinschaft und Umwelt einzusetzen und Verantwortung für die Auswirkungen der eigenen Handlungen zu übernehmen. Die Vermittlung von Fähigkeiten wie Kreativität und Gewissenhaftigkeit kann ebenfalls wichtig sein.

Es ist Studierenden zudem wichtig, dass Schüler:innen lernen, ihre gesellschaftliche Verantwortung zu verstehen sowie andere mit Respekt und Toleranz zu behandeln. Dies kann ihnen helfen, in einer pluralistischen Gesellschaft zu leben. Die Nutzung von Social Media und die Möglichkeit, über diese Plattformen mehr Informationen zu erhalten, kann ebenfalls von Vorteil sein, solange Schüler:innen lernen, kritisch und verantwortungsbewusst mit diesen Informationen umzugehen.

Aus einer bildungswissenschaftlichen Perspektive lässt sich zudem festhalten, dass es bedeutsam ist, Schüler:innen das Verständnis von Verantwortung in einem systemischen Kontext zu vermitteln. Dies kann ihnen helfen, komplexe Zusammenhänge besser zu verstehen sowie verantwortungsbewusste Entscheidungen zu treffen, die das Wohl der Gesellschaft und der Umwelt berücksichtigen. Außerdem ist es wichtig, dass Schüler:innen lernen, die Wissenschaft als eine wertvolle Quelle für Informationen und Einschätzungen zu erkennen.

Aus bildungswissenschaftlicher Sicht könnte auch die Diskussion über die Herausforderungen im Hinblick auf die Verantwortung für Gesellschaft und Umwelt auf verschiedene Aspekte fokussieren. Zum einen könnte die Rolle der Bildung bei der Förderung von Demokratiebewusstsein, Werten, Haltungen und Zusammenhalt betont werden. Zum anderen könnte die Bedeutung eines Perspektivenwechsels und kritischen Denkens in der Bildung hervorgehoben werden.

Auch die Herausforderungen bei der Umsetzung von Bildung für nachhaltige Entwicklung und die Vermittlung von Werten und Haltungen im Unterricht könnten diskutiert werden. Die Rolle der Lehrer:innen als Vorbild und als Vermittler:innen dieser Werte und Haltungen ist ebenfalls ein wesentlicher Faktor.

Über die bildungswissenschaftliche Sicht könnte darüber hinaus die Bedeutung der Vernetzung und Kooperation als wichtige Faktoren für das Erlernen und die Anwendung von nachhaltigen Verhaltensweisen und die Förderung von Bewusstsein für die Klimaveränderungen hervorgehoben werden. Dies könnte als Beispiel dafür dienen, wie Bildungsprozesse gestaltet werden können, um Schülerinnen und Schüler dazu zu befähigen, die Herausforderungen des 21. Jahrhunderts zu meistern. Die Forderung nach mehr Selbstverantwortung und Initiativen bilden zudem einen Indikator dafür, wie Bildung dazu beitragen kann, junge Menschen dazu zu ermutigen und den Gedanken Deweys (1927) folgend, aktiv an der Gestaltung ihrer eigenen bzw. individuellen und der gesellschaftlichen Zukunft teilzuhaben.

Eine Zuordnung zum Modell Bronfenbrenner (1979) zeigt auch hier persönliche Meinungen, Werte und Haltungen, die auf den Ergebnissen der Fokusgruppen basieren. Sie sind hauptsächlich dem Mesosystem sowie dem Macrosystem zuzuordnen. Dem **Mesosystem** insofern, als die Bedeutung des Bildungsauftrages in der Volksschule angesprochen wird und die Vermittlung wichtiger Haltungen und Werte artikuliert werden. Überdies wird auch die Bedeutung einer wertschätzenden Gesprächskultur angesprochen. Das **Macrosystem** ist insofern auch beteiligt, als die Notwendigkeit angesprochen wird, mehr aktuelles Wissen über die Umwelt bereitzustellen. Hier werden Werte und Normen erwähnt, die das gesellschaftliche Miteinander sowie die gesellschaftliche Verantwortung adressieren.

5.1.5 Zusammenfassung der Interpretation und Diskussion

Die Studierenden diskutieren in ihren Fokusgruppen verschiedene Perspektiven, darunter die Rolle als Individuum sowie jene als zukünftige Lehrperson. Sie sehen die Möglichkeit des Zusammenarbeitens und des gemeinsamen Handelns, um Veränderungen zu erreichen, und fordern eine größere Selbstverantwortung sowie das Ergreifen von Initiativen. Ähnlich den Studienergebnissen von Aarnio-Linnanvuori (2019), die aufzeigen kann, dass die untersuchten Lehrpersonen die Wichtigkeit von Werten und Überzeugungen für verantwortungsbewusstes Handeln erkennen, thematisieren die Studierenden auch in dieser Studie immer wieder

Werte (Vielfalt, Demokratie etc.) und Haltungen (Offenheit, Respekt, Toleranz etc.). Anders als bei Aarnio-Linnanvuori (2019) zeigt sich, dass die Studierenden nicht geschlossen die individuelle Verantwortung relativieren, sondern Handlungsspielräume erkennen und ihnen Bedeutung beimessen. Sie argumentieren sehr stark in der Rolle als Individuum, was sich in der Grafik im Ergebnisteil (siehe Abbildung 4.2) eindeutig zeigt. Das lässt sich damit begründen, dass sie noch nicht in der Praxis stehen. Als zukünftige Lehrpersonen sehen sie sich jedoch wie unter Punkt 2.1.1 dargestellt in der Verantwortung in ihrer Rolle als Wissensvermittler:in, Berater:in und Multiplikator:in (Aarnio-Linnanvuori, 2019), Schüler:innen frühzeitig über relevante Themen wie Umweltschutz zu unterrichten und ihnen entsprechendes Wissen und Werte zu vermitteln. Dabei betonen sie die Bedeutung ihrer Vorbildrolle in Bezug auf ein ökologisches Bewusstsein und Nachhaltigkeit.

Offensichtlich ist, dass die Studierenden das ökologische Bewusstsein und den Klimawandel als essenzielle Anliegen betrachten. Sie nehmen Probleme und Zusammenhänge wahr und thematisieren die Notwendigkeit, zu handeln. Sie sehen die Notwendigkeit, sich für den Umweltschutz einzusetzen und verantwortungsvoll zu handeln, sowohl als Individuen als auch als zukünftige Lehrpersonen. Allerdings scheinen nicht alle die Dringlichkeit dieses Anliegens zu erkennen, was durch die Verwendung des Ausdrucks *„ein bisschen"* in vielen Wortmeldungen (insgesamt 82 Codes) deutlich wird. Häufig ist davon die Rede, dass sich die Gesellschaft „ein bisschen ändern muss". Dies könnte darauf hindeuten, dass einige Studierende das Problem (z. B. den Klimawandel) nicht als so pressant ansehen, wie es tatsächlich ist. In den Transkripten ist zu lesen, dass sich *„unsere Gesellschaft ein bisschen ändern* [sollte], *damit das Ökosystem sich erholen kann" (Transkript FG_16: 252–253)*, dass es *„generell in der Gesellschaft ein bisschen ein Umdenken geben* [sollte]*" (Transkript FG_16: 306), „dass man das ganze Plastikzeug und den Müll so generell ein bisschen vermeidet." (Transkript FG_11: 325–326) „Und es wäre halt sinnvoll, wenn halt sich jede Person ein bisschen überlegt, auf was sie jetzt z. B. verzichten könnte, ohne dass er jetzt irgendwie große Einbußen für seinen eigenen Lebensalltag jetzt z. B. hat." (Transkript FG_10: 173–176)* Ähnlich zeigt es auch die Wortmeldung, in der eine Person davon spricht, den Klimawandel *„ein bisschen minimieren." (Transkript FG_10: 194)* zu wollen. In anderen Wortmeldungen werden Formulierungen gebraucht wie z. B. *„sich selber vielleicht so ein bisschen aufraffen" (Transkript FG_2: 266)* oder den *„Blickwinkel ein bisschen erweitern" (Transkript FG_2: 275)*, in der Hoffnung *„wenn wir halt ein bisschen sparsamer leben und bisschen mehr darauf schauen, dann ist halt auch für die Leute, die nach uns kommen auch noch was da." (Transkript FG_2: 376–378)*

Die dargestellten Ergebnisse erlauben keinerlei Schlüsse, ob diese sprachlichen Äußerungen mit „*ein bisschen*“ tatsächlich Auswirkungen auf das Handeln dieser Studierenden haben. Jedoch ist anzunehmen, dass die Verwendung solcher Formulierungen in den Wortmeldungen der Studierenden darauf hindeutet, dass einige von ihnen die zwingende Notwendigkeit des Umweltschutzes und der Bekämpfung des Klimawandels nicht vollständig erkennen. Auch wenn sie mit diesem Denken in der Gesellschaft offensichtlich nicht allein sind, könnte dies jedenfalls Auswirkungen auf ihr Handeln haben sowie dazu führen, dass sie als Multiplikator:innen nicht so engagiert für den Umweltschutz eintreten, wie es notwendig ist. Es ist erforderlich, dass die Studierenden die Bedeutung und Dringlichkeit dieser Themen stärker erkennen und entsprechend handeln.

Diese Ergebnisse überraschen und geben Anlass darauf zu reagieren. Die Gründe dafür, dass diese Dringlichkeit nicht erkannt wird, könnten darin liegen, dass die Studierenden womöglich nicht ausreichend über die Auswirkungen des Klimawandels und der Umweltverschmutzung informiert sind. Zu diesem Ergebnis sind auch Olsen et al. (2020) gelangt, die in ihrer Studie ebenfalls von Wissenslücken bei sozial-ökologischen Systemen berichten (siehe Punkt 2.2.2). Damit sie als zukünftige Lehrpersonen in der Lage sind, dieses Wissen sowie die Bedeutung der Verantwortungsübernahme an ihre Schüler:innen zu vermitteln, ist es wichtig, dass Studierende die Bedeutung des Umweltschutzes und die Notwendigkeit, selbstverantwortlich zu handeln, nicht nur verstehen und anerkennen, sondern sich auch bewusst werden, dass diese Thematik auch nicht aufgeschoben oder nach Belieben erfolgen kann. Eine Möglichkeit, die Studierenden besser zu informieren, könnte darin bestehen, ihnen entsprechende Materialien zur Verfügung zu stellen und sie über relevante Themen und Entwicklungen auf dem Laufenden zu halten. Auch Diskussionsrunden, zusätzliche Workshops und wie unter Punkt 2.4 angeführt – entsprechende Bildungskonzepte könnten dazu beitragen, das Bewusstsein der Studierenden für diese Themen zu schärfen und sie dahin gehend anzuregen, dass ein rasches Agieren erforderlich ist (siehe auch Punkt 5.2).

Es zeigt sich, dass in den Fokusgruppen die im Modell vorgestellten Prinzipien „Werte“, „Einstellungen“, „Fähigkeiten“ und das „Wissen und kritische Denken“ in allen Fokusgruppen-Diskussionen vorkommen. In Bezug auf das unter Punkt 2.5 vorgestellte Kompetenzmodell für eine demokratische Kultur (Council of Europe, 2016) lassen die Untersuchungsergebnisse aber keinerlei gesicherte Rückschlüsse zu, inwieweit die Studierenden der Fokusgruppen tatsächlich demokratiebewusst sind und im Sinne des Modells Kompetenzen aufweisen. Zum einen, weil Demokratiebewusstsein von vielen Faktoren abhängen kann, und zum anderen, weil das Modell sehr stark allgemein gehalten ist. Es soll daher lediglich an dieser Stelle ein allgemeiner Bezug hergestellt werden.

Jene **Werte**, die im Modell (Council of Europe, 2016) aufgezeigt werden, wie Menschenrechte, kulturelle Vielfalt und die Wertschätzung von Demokratie, Gerechtigkeit, Fairness und Gleichheit werden explizit in verschiedenen Fragestellungen in sämtliche geführten Fokusgruppen-Diskussionen thematisiert. Die Ergebnisse zeigen zudem, dass eine Zugehörigkeit zu Kulturen ebenso in die Diskussion eingebracht wird wie die Überzeugung, dass Werte wie Demokratie und Gerechtigkeit große Beachtung finden sollen. Bei den **Einstellungen** wird in den Ergebnissen sichtbar, dass die Studierenden verstärkt von Offenheit gegenüber anderen Menschen und Perspektiven sprechen. Ebenso fällt in vielen Wortmeldungen auf, dass die Lehramtsstudierenden von Respekt sprechen, einen wertschätzenden Umgang in der Kommunikation und Respekt auch in Bezug auf Meinungen und Bräuche ansprechen. Dabei wird eine Toleranz für Mehrdeutigkeit sichtbar, dass Studierende verschiedene Perspektiven anerkennen. Die Diskussionen stellen zudem dar, dass die Studierenden eine philanthropische Verantwortung wahrnehmen, wenn sie sich im Sinne Carrolls (1991, S. 42) aktiv für das Wohlergehen anderer einbringen. Viele Studierende zeigen ein Selbstvertrauen sowie eine positive Einschätzung gegenüber ihren Fähigkeiten. Sie sind der Meinung, dass sie ihre Fähigkeiten einsetzen können, um in der Welt etwas bewirken zu können. Hierbei zeigen sich sowohl Studierende, die dieses Vertrauen im Hinblick auf lokale als auch globale Auswirkungen ihrer Handlungen sehen. Ebenso Themen wie Verantwortung für Gesellschaft und Umwelt werden von den Studierenden aktiv angesprochen und Möglichkeiten aufgezeigt, wie damit umgegangen werden kann. Die im Kompetenzmodell (Council of Europe, 2016) erörterten **Fähigkeiten** zeigen sich vor allem bezüglich Empathie, die in allen Diskussionen aufgegriffen wird. Ein Miteinander wird von den Studierenden immer wieder im Kontext von gesellschaftlicher Teilhabe betont. Dabei wird die Notwendigkeit erwähnt, andere Menschen zu verstehen, teamfähig zu sein und somit gemeinsam kooperieren zu können und Ziele zu verfolgen.

Wissen und kritisches Denken zeigen sich in Wortmeldungen, wenn die Studierenden die Bedeutung einer analytischen und kritischen Denkweise ansprechen. Dies geschieht insbesondere im Zusammenhang mit Neuen Medien und ihrer systemtheoretischen Sicht auf Verantwortung, wenn sie die Politik in die Pflicht nehmen.

Die Wortmeldungen der Fokusgruppen-Diskussion lassen sich den im Modell (Council of Europe, 2016) angeführten Kompetenzen grundsätzlich zuordnen. Um diese Zuordnungen eindeutig und transparent darstellen zu können, ist es dennoch empfehlenswert, ein für das Kompetenzmodell passendes trennscharfes Kategoriensystem zu erstellen, das auch jenen unter Punkt 2.5 angeführten Kritikpunkten gerecht wird.

In Bezug auf die Zuordnung zum Modell von Bronfenbrenner (1979) lässt sich zusammenfassen, dass die Ergebnisse der Fokusgruppen-Diskussionen hauptsächlich das Microsystem und das Mesosystem betreffen, während andere Systeme (Exosystem, Macrosystem und Chronosystem) lediglich marginal relevant sind. Das **Microsystem** ist den Gesamtergebnissen insofern zuzuordnen, als die Perspektiven der Studierenden als Individuen und als zukünftige Lehrpersonen artikuliert und Bezug nehmend auf umweltbewusstes Handeln und Verantwortung Haltungen und Werte angesprochen werden.

Das **Mesosystem** hingegen ist zuzuordnen, nachdem die Rolle der Studierenden sehr stark adressiert wird, frühzeitig relevante Themen wie Umweltschutz in den Unterricht aufzunehmen, entsprechendes Wissen im Unterricht bereitzustellen und Werte zu vermitteln – auch, wenn die Notwendigkeit angesprochen wird, sich für den Schutz der Umwelt einzusetzen und als Individuum und als zukünftige Lehrperson verantwortungsvoll zu handeln.

Das **Exosystem** ist insofern vertreten, als Studierende über die Vorbildrolle ihren Einfluss auf spätere Generationen erwähnen, wobei der Einfluss anderer Faktoren wie z. B. Familie oder Peers ebenfalls nicht unerwähnt bleiben sollte.

Weniger bedeutungsvoll kommt das **Macrosystem** zum Zug, wenn kulturelle oder gesellschaftliche Strukturen thematisiert werden, es zeigt sich z. B., wenn Einzelne einfordern, dass stärker auf die Wissenschaft gehört oder der Politik die Verantwortung entzogen werden soll. In den Ergebnissen wird auch das **Chronosystem** angesprochen, das in Abb. 9 nicht dargestellt wird. Damit sind gesellschaftliche und kulturelle Veränderungen angesprochen, die im Laufe der Zeit stattfinden. Die Studierenden erwähnen z. B. die Notwendigkeit, dass sich die Gesellschaft verändern muss, um den Klimawandel zu stoppen. Sie weisen auch auf die Notwendigkeit von Bildung und neuen Technologien hin, um zukünftig mehr Wissen bereitzustellen.

5.2 Methodische Reflexion

Es lässt sich festhalten, dass es angesichts eines eher engen zeitlichen Rahmens für die Bearbeitung des Forschungsanliegens nicht möglich ist, die Thematik erschöpfend aufzugreifen, dennoch wird versucht, die Forschungsfragen umfassend zu betrachten.

Die Untersuchung der Einstellungen von Lehramtsstudierenden hinsichtlich ihrer Verantwortungsrolle in Bezug auf die Gesellschaft und Umwelt wird über 16 Fokusgruppen-Diskussionen (n = 58) sowie mittels inhaltlich-strukturierende Inhaltsanalyse nach Kuckartz (2018) durchgeführt. Diese Methode ermöglicht tiefgehende Erfahrungen und Perspektiven der Studienpopulation und trägt zur Validität bei. Dennoch ist zu beachten, dass die Diskussionen grundsätzlich subjektive Selbsteinschätzungen zeigen und die Diskussionsbeiträge durch die – auch wenn nur im Hintergrund gehaltene – Moderation in der Gruppe beeinflusst sein könnte. Über die Einbeziehung und Einordung der Ergebnisse in bestehende Theorien und bestehendes Wissen kann das Risiko einer Verzerrung oder Einschränkung minimiert werden, sodass bestimmte Aspekte der Ergebnisse nicht über- bzw. unterbewertet werden.

Die Stichprobe (siehe 3.2.1) der Lehramtsstudierenden kann als repräsentativ für den Standort gelten, als die Studierenden eines gesamten Semesters für die Studie ausgewählt wurden und somit sämtliche Studierenden der Pädagogischen Hochschule Salzburg von der Untersuchung potenziell angesprochen sind. Als Limitation der Studie lässt sich sehen, dass der Forschungsschwerpunkt enger gewählt werden könnte, um sicherzustellen, dass die Studie tief greifend und die Ergebnisse aussagekräftig und relevant sind. Überdies ist zu beachten, dass sich die Einschätzungen der Studierenden auf die persönlichen Sichtweisen und Erfahrungen der Studierenden beziehen, die ebenfalls unterschiedlich sein können.

Um die Validität der Studie künftig zu erhöhen, ist es empfehlenswert, die Ergebnisse über die Triangulation (z. B. über zusätzlich eingesetzte Fragebögen, Interviews etc.) abzusichern und dadurch ein vertieftes Verständnis der Studienpopulation sowie des untersuchten Phänomens zu ermöglichen. Insgesamt kann die Untersuchung als valide gelten, da die Studie auf eine sorgfältige Planung und die Ergebnisse auf eine umfassende Analyse aufbauen.

Welche Implikationen für diese Untersuchung vorgeschlagen werden und welche Empfehlungen für weitere Forschungen erfolgen, zeigen die beiden nächsten Kapitel auf.

6 Bedeutung der Ergebnisse für die Ausbildung von Lehrpersonen

Die Ergebnisse der Studie zeigen, dass Lehramtsstudierende ihren Bildungs- und Erziehungsauftrag als zukünftige Lehrpersonen erkennen sowie die Möglichkeit sehen, relevante Themen wie Umweltschutz frühzeitig mit Schülerinnen und Schülern zu bearbeiten. Dabei betonen die Studierenden die Bedeutung ihrer Vorbildrolle in der Schule und außerhalb in Bezug auf ein ökologisches Bewusstsein und Nachhaltigkeit. Um darauf zu reagieren, dass Studierende die Dringlichkeit des Anliegens einer Übernahme von Verantwortung für Gesellschaft und Umwelt richtig einschätzen, könnten die Implikationen beispielsweise folgendermaßen aussehen:

- Die Ausbildung von Lehrkräften könnte stärker auf die Vermittlung von sozialer und ökologischer Verantwortung abzielen, um die zukünftigen Lehrkräfte auf ihre Rolle in diesem Bereich vorzubereiten. Das zeigt sich, insbesondere wenn ersichtlich wird, dass Studierende Gesellschaft und Umwelt nicht gemeinsam denken. Hier könnten Lehrangebote entsprechende Aufklärungsarbeit leisten, etwa wenn entsprechende Bildungsansätze oder -konzepte (Global Citizenship Education, Bildung für Nachhaltige Entwicklung, Transformatives Lernen etc.) entsprechend in den Curricula der Lehrer:innenbildung verankert werden.
- Überdies könnte die Ausbildung verstärkt auf die Bedürfnisse und Erwartungen der Lehramtsstudierenden in Bezug auf die soziale und ökologische Verantwortung eingehen und die Ausbildung entsprechend angepasst werden. Um die Einstellungen und Verhaltensweisen von Lehramtsstudierenden im Bereich der sozialen und ökologischen Verantwortung zu sichern, könnten regelmäßige Evaluierungen und Feedbackschleifen in die Ausbildung

I. Geier, *Die Verantwortung für Gesellschaft und Umwelt in der Wahrnehmung von zukünftigen Lehrpersonen*, BestMasters,
https://doi.org/10.1007/978-3-658-51403-7_6

integriert werden, um eventuelle Veränderungen und Verbesserungspotenziale aufzudecken.

- Lehrpersonen in der Praxis könnten von den Ergebnissen dieser Studie insbesondere profitieren, indem sie sich bewusst mit der Bedeutung der sozialen und ökologischen Verantwortung in ihrem Beruf befassen sowie gezielt Maßnahmen ergreifen, um ihre Schüler:innen für diese Themen zu sensibilisieren.
- Insgesamt könnten die Ergebnisse der Studie dazu beitragen, die Ausbildung von Lehrkräften und die Rolle von Lehrer:innen in Bezug auf soziale und ökologische Verantwortung zu stärken und zu verbessern.
- Die Ausbildung könnte zudem einen stärkeren Schwerpunkt auf die Vermittlung von Wissen sowie Informationen über die aktuelle Situation legen. Dies lässt sich durch die Bereitstellung von Fakten und Statistiken erreichen, die die Ernsthaftigkeit und Dramatik der Situation verdeutlichen.
- Die Ausbildung könnte auch entsprechende handlungsorientierte (praktische) Übungen und Simulationen anbieten, die Studierende in die Lage versetzen, die Auswirkungen der aktuellen Situation auf ihr Leben und ihre Umgebung zu erkennen und darauf zu reagieren.
- Ebenso könnten verstärkt Workshops und Schulungen zu Themen wie Verantwortungsübernahme und Nachhaltigkeit angeboten werden, um Studierenden zu vermitteln, wie sie ihren Beitrag zur Bewältigung der aktuellen Situation leisten können.
- Die Ausbildung könnte verstärkt sowie über längere Zeiträume die Möglichkeit bieten, im Rahmen von Praktika und Feldstudien direkte Erfahrungen im Bereich Übernahme von Verantwortung für Gesellschaft und Umwelt (z. B. über Programme wie Active-Citizenship Learning, Critical Service-Learning etc.) zu sammeln, um Studierenden die Ernsthaftigkeit und Dramatik der aktuellen Situation auf eine konkrete und nachvollziehbare Weise zu vermitteln.

Um ein genaueres Bild davon zu erhalten, wie die Studierenden die Dringlichkeit des Anliegens einschätzen und ob Unterschiede in ihren Einschätzungen bestehen, wäre eine weitere Forschung notwendig. Dazu wird im nachfolgenden Kapitel 7 Stellung genommen.

7 Forschungsausblick

Die Ergebnisse der Studie zeigen, dass die zukünftigen Lehrpersonen über ein hohes Bewusstsein für ihre Verantwortung für Gesellschaft und Umwelt verfügen. Angesichts der Ergebnisse, dass manche Studierende das Anliegen als wichtig betrachten, aber nicht alle die Dringlichkeit erkennen, könnten zukünftige Studien die Einschätzungen der Studierenden genauer analysieren, um herauszufinden, welche Faktoren ihre Einschätzungen beeinflussen und wie man die Dringlichkeit des Anliegens besser vermitteln kann. Es wäre interessant, die Erhebung der Einstellungen und Haltungen auf Lehrpersonen in der Praxis zu erweitern, um zu ermitteln, ob Unterschiede bestehen und ob bzw. wie sich diese auf den Unterricht auswirken.

Künftig wird es wichtig sein, das Bewusstsein für Gesellschaft und Umwelt weiter zu stärken und zu vertiefen, um sicherzustellen, dass die Lehrpersonen in der Lage sind, ihre Verantwortung in ihrem Berufsalltag umzusetzen. Hierzu könnten beispielsweise Fortbildungen und Unterstützungsangebote entwickelt werden, die die Lehrpersonen dabei unterstützen, ihr Verantwortungsbewusstsein in die Praxis umzusetzen. Zudem könnten weitere Studien darauf abzielen, die Wahrnehmung von Verantwortung für Gesellschaft und Umwelt in anderen Berufsgruppen zu untersuchen, um ein umfassenderes Bild des Verantwortungsbewusstseins in unserer Gesellschaft zu generieren.

Mögliche Richtungen bzw. Fragen für zukünftige Forschung im Bereich der sozialen und ökologischen Verantwortung von Lehrpersonen wären:

- Welche Rolle spielen Hochschulen und Universitäten bei der Vermittlung von sozialer und ökologischer Verantwortung an Lehramtsstudierende?

I. Geier, *Die Verantwortung für Gesellschaft und Umwelt in der Wahrnehmung von zukünftigen Lehrpersonen*, BestMasters,
https://doi.org/10.1007/978-3-658-51403-7_7

- Inwieweit ändern sich die Einstellungen und Verhaltensweisen von Lehramtsstudierenden im Laufe ihrer Ausbildung hinsichtlich der sozialen und ökologischen Verantwortung?
- Welche Bedeutung hat die soziale und ökologische Verantwortung für die Lehrer:innenprofessionalisierung?
- Wie können Lehrpersonen und Schüler:innen für die Themen soziale und ökologische Verantwortung noch stärker sensibilisiert werden?

8 Fazit

Vorliegende Arbeit hat das Ziel, die Wahrnehmung von Lehramtsstudierenden in Bezug auf ihre Verantwortungsrolle hinsichtlich der Gesellschaft und Umwelt zu untersuchen, um auf dieser Basis geeignete hochschuldidaktische Initiativen und Programme zu entwickeln oder bestehende anzupassen, die Lehramtsstudierenden bei der Übernahme ihrer individuellen Verantwortungsrolle und in ihrer Rolle als zukünftige Lehrperson unterstützen.

Die Ergebnisse der Studie zeigen, dass Lehramtsstudierende eine hohe Bedeutung der sozialen und ökologischen Verantwortung für sich als Individuum und ihre zukünftige Rolle als Lehrkräfte sehen. Sie betrachten die Vermittlung von Wissen und Werte im Bereich der sozialen und ökologischen Verantwortung als essenziellen Teil des Bildungsauftrags im späteren Berufsfeld und sind der Meinung, dass eine frühe Auseinandersetzung mit diesen Themen bei Schüler:innen wichtig ist, um ihnen bewusste Verhaltensweisen und Werte vermitteln zu können.

Allerdings bestehen auch Unterschiede in den Einstellungen und Verhaltensweisen der Studierenden in Bezug auf die soziale und ökologische Verantwortung. Manche Studierende sind bereits aktiv im Bereich der Nachhaltigkeit und setzen sich für Umweltschutz sowie soziale Gerechtigkeit ein, während andere weniger sensibilisiert sind und möglicherweise noch Anreize benötigen, um sich stärker für die soziale und ökologische Verantwortung zu engagieren.

Hinzu kommt, dass die Studierenden in den Fokusgruppen das ökologische Bewusstsein und den Klimawandel als wichtige Anliegen betrachten und die Notwendigkeit von Selbstverantwortung und Initiativen zur Veränderung betonen, jedoch nicht von allen die Dringlichkeit dieses Themas vollständig erkannt wird. Die häufige Verwendung der Formulierung „ein bisschen" in vielen Wortmeldungen gibt zu denken. Sie könnte darauf hindeuten, dass einige Studierende

I. Geier, *Die Verantwortung für Gesellschaft und Umwelt in der Wahrnehmung von zukünftigen Lehrpersonen*, BestMasters,
https://doi.org/10.1007/978-3-658-51403-7_8

das Problem nicht als so pressant ansehen, wie es tatsächlich ist. In den Transkripten ist zu lesen, dass sich *„unsere Gesellschaft ein bisschen ändern [sollte], damit das Ökosystem sich erholen kann" (Transkript FG_16: 252–253)* und dass es *„generell in der Gesellschaft ein bisschen ein Umdenken geben [sollte]" (Transkript FG_16: 306)*, *„dass man das ganze Plastikzeug und den Müll so generell ein bisschen vermeidet" (Transkript FG_11: 325–326)* und *„dass jede Person ein bisschen überlegt, auf was sie verzichten könnte." (Transkript FG_10: 173–176)* All diese Aussagen zeigen, dass Handlungsbedarf existiert, was die Dringlichkeit und das Bewusstsein für das Thema Klimawandel und Umweltschutz betrifft. Die Studierenden sind offensichtlich bemüht, in ihrer Rolle als Individuen und zukünftige Lehrpersonen verantwortungsvoll zu handeln, aber es scheint, als würde nicht die volle Tragweite des Problems erkannt werden, um dementsprechend entschlossen genug zu handeln.

Betrachtet man die Ergebnisse im Lichte des Bildungskonzeptes Global Citizenship Education, das unter Punkt 2.4.1 vorgestellt wird, so zeigen sich einige Zusammenhänge.

Ein wichtiger Bestandteil des Bildungskonzepts Global Citizenship Education (GCE) ist die Förderung der interkulturellen Kompetenz bei Lernenden. Diese Kompetenz ermöglicht es, andere Kulturen und Lebensweisen zu verstehen und zu respektieren. Die Ergebnisse der Forschung zeigen, dass es essenziell ist, die interkulturelle Bildung sowie die Fähigkeiten und Einstellungen von Lernenden zu verbessern, um in einer multikulturellen Gesellschaft leben und arbeiten zu können. Ein weiterer wichtiger Bestandteil des Bildungskonzeptes GCE ist die Förderung des Umweltbewusstseins. Dies beinhaltet die Vermittlung von Wissen über die Umweltprobleme und die Möglichkeiten zur Lösung dieser Probleme. Die Ergebnisse der Forschung lassen darauf schließen, dass eine verstärkte umweltorientierte Bildung dazu beitragen kann, das Umweltbewusstsein und das Handeln von Studierenden zu verbessern. Dies zeigt sich insbesondere an der wenig erkannten Dringlichkeit. Ein weiteres wichtiges Anliegen des Bildungskonzeptes GCE ist die Vermittlung einer globalen Perspektive. Dies beinhaltet die Fähigkeit, die Probleme und Herausforderungen des 21. Jahrhunderts aus einer globalen Perspektive zu betrachten und zu verstehen. Die Ergebnisse der vorliegenden Forschung zeigen, dass das Einnehmen einer globalen Perspektive von großer Bedeutung ist und keinesfalls unterschätzt werden darf, um die komplexen Probleme der heutigen Welt zu verstehen und zu lösen. Das zeigt im Speziellen, wenn Studierende sehr stark auf lokales Handeln fokussieren und sozio-ökologische Zusammenhänge nicht erkennen und die Begriffe Umwelt und Gesellschaft voneinander getrennt betrachten.

Ein weiterer Zusammenhang wird in einer aktiven Bürger:innenschaft gesehen. Es zeigt sich, dass Studierende noch stärker ermutigt werden sollen, ihre eigenen Fähigkeiten und Ressourcen zu nutzen, um ihre Umwelt zu verbessern und die Gesellschaft zu verändern. Die Ergebnisse lassen darauf schließen, dass Studierende durch partizipative Lehr- und Lernmethoden und die Möglichkeiten zur aktiven Beteiligung an Projekten und Initiativen, ihr Verständnis für die Bedeutung von aktiver Bürger:innenschaft und ihre Fähigkeiten verbessern können, um aktiv an gesellschaftlichen Prozessen teilzunehmen. Es wäre wesentlich, diese Methoden in den Unterricht zu integrieren, um die Entwicklung von aktiven und engagierten Bürger:innen zu unterstützen.

Es zeigt sich, dass es für Ausbildungseinrichtungen wesentlich ist, die Bedürfnisse und Erwartungen und Kenntnisse der Studierenden in Bezug auf die soziale und ökologische Verantwortung zu berücksichtigen und deren Ausbildung entsprechend zu gestalten. Somit können zukünftige Lehrpersonen besser auf ihre Rolle in Bezug auf die soziale und ökologische Verantwortung vorbereitet werden.

Zukünftige Studien könnten die Entwicklung der Einstellungen und Verhaltensweisen von Lehramtsstudierenden im Bereich der sozialen und ökologischen Verantwortung im Verlauf ihrer Ausbildung analysieren, um zu verstehen, ob und inwieweit die Ausbildungseinrichtungen dazu beitragen, dass sich die Studierenden in diesem Bereich weiterentwickeln.

Auch könnten weitere Studien in die Wege geleitet werden, die sich mit der Rolle von Lehrkräften in der Vermittlung von sozialer und ökologischer Verantwortung an Schüler:innen befassen. Dabei könnte beispielsweise untersucht werden, welche Methoden und Strategien von Lehrkräften angewendet werden, um Lernende für die soziale und ökologische Verantwortung zu sensibilisieren, und wie wirksam diese Methoden sind.

Insgesamt liefert vorliegende Studie essenzielle Erkenntnisse über die Einstellungen und Verhaltensweisen von Lehramtsstudierenden in Bezug auf die soziale und ökologische Verantwortung und deren Bedeutung für ihre zukünftige Rolle als Lehrkräfte. Die Ergebnisse zeigen, dass die Ausbildung von Lehrkräften in diesem Bereich wichtig ist und dass es Anstrengungen braucht, um die Studierenden auf ihre Rolle als Lehrkräfte in Bezug auf die soziale und ökologische Verantwortung vorzubereiten. Zukünftige Studien sollten dazu beitragen, das Verständnis für die Rolle von Lehrkräften in der Vermittlung von sozialer und ökologischer Verantwortung zu vertiefen sowie Wege aufzuzeigen, wie sich die Ausbildung von Lehrkräften in diesem Bereich verbessern lässt.

Die Hauptschlussfolgerung lautet, dass Lehramtsstudierende eine hohe Bedeutung der sozialen und ökologischen Verantwortung für sich als Individuum und ihre zukünftige Rolle als Lehrkräfte sehen, allerdings Unterschiede in den Einstellungen und Verhaltensweisen der Studierenden in Bezug auf die soziale und ökologische Verantwortung bestehen, die Anlass geben in der Lehramtsausbildung verstärkt darauf zu reagieren und Bildungskonzepte wie Global Citizenship Education, Bildung für Nachhaltige Entwicklung oder Transformatives Lernen aufzugreifen.

Die Verantwortung für Gesellschaft und Umwelt der Studierenden kann davon abhängen, inwieweit sich Studierende mit ihrer Umgebung identifizieren und sie sich als Gemeinschaft erleben. Die Studie empfiehlt in jedem Fall weitere Forschung (siehe Kapitel 7) anzuschließen sowie die Entwicklung von hochschuldidaktischen Initiativen, Programmen und Konzepten (GCE, BNE, Transformatives Lernen) voranzutreiben, die Lehramtsstudierende bei der Übernahme in ihrer Verantwortungsrolle noch stärker unterstützen und die Dringlichkeit des Anliegens unterstreichen.

Literaturverzeichnis

Aarnio-Linnanvuori, E. (2019). How do teachers perceive environmental responsibility? *Environmental Education Research, 25*(1), 46–61. https://doi.org/10.1080/13504622.2018.1506910

Abdi, A. A. (2015). Decolonizing global citizenship education. In A. A. Abdi, L. Shultz & T. Pillay (Hrsg.), *Decolonizing global citizenship education* (S. 11–26). SensePublishers. https://doi.org/10.1007/978-94-6300-277-6_2

Abdi, A. A., Shultz, L. & Pillay, T. (Hrsg.). (2015). *Decolonizing global citizenship education*. SensePublishers. https://doi.org/10.1007/978-94-6300-277-6_2

Association American Colleges and Universities. (2007). *College learning for the new global century. A report from the National Leadership Council for Liberal Education & America's Promise*. Association of American Colleges and Universities.

Association American Colleges and Universities. (2008). *Executive summary with findings from employer survey. College learning for the new global century*. https://www.uww.edu/Documents/leap/GlobalCentury_ExecSum.pdf?t=1517845694533

Auhagen, A. E. & Bierhoff, H.-W. (2002). *Responsibility. The many faces of a social phenomenon*. Routledge.

Banos-González, I., Esteve-Guirao, P. & Jaén, M. (2021). Future teachers facing the problem of climate change: meat consumption, perceived responsibility, and willingness to act. *Environmental Education Research, 27*(11), 1618–1637. https://doi.org/10.1080/13504622.2021.1926433

Barrett, M. & Pachi, D. (Eds.). (2019). *Social and demographic factors linked to youth civic and political engagement. Chapter 3*. Taylor & Francis. https://doi.org/10.4324/9780429025570

Bauer, K.-O. (1998). *Pädagogisches Handlungsrepertoire und professionelles Selbst von Lehrerinnen und Lehrern*. https://doi.org/10.25656/01:6821

Berthold, C., Meyer-Guckel, V. & Rohe, W. (2010). *Mission Gesellschaft. Engagement und Selbstverständnis der Hochschulen Ziele, Konzepte, internationale Praxis*. Stifterverband für die Deutsche Wissenschaft.

Bierhoff, H.-W. (2019). *Soziale Verantwortung im Dorsch Lexikon der Psychologie*. Zugegriffen am 21. Juli 2021, von https://dorsch.hogrefe.com/stichwort/soziale-verantwortung

I. Geier, *Die Verantwortung für Gesellschaft und Umwelt in der Wahrnehmung von zukünftigen Lehrpersonen*, BestMasters,
https://doi.org/10.1007/978-3-658-51403-7

Böhm, W. & Seichter, S. (2018). *Wörterbuch der Pädagogik* (UTB, Bd. 8716, 17., aktualisierte und vollständig überarbeitete Auflage). Ferdinand Schöningh. http://www.utb-studi-e-book.de/9783838587165

Bohnsack, R., Przyborski, M. A. & Schäffer, B. (Hrsg.). (2010). *Das Gruppendiskussionsverfahren in der Forschungspraxis* (2. Aufl.). Verlag Barbara Budrich. https://elibrary.utb.de/doi/book/10.3224/9783866497092

Brand, U. & Wissen, M. (2016). Social-ecological transformation. In D. Richardson, N. Castree, M. F. Goodchild, A. Kobayashi, W. Liu & R. A. Marston (Hrsg.), *International encyclopedia of geography: People, the earth, environment and technology* (S. 1–9). John Wiley & Sons, Ltd. https://doi.org/10.1002/9781118786352.wbieg0690

Bronfenbrenner, U. (1979). *The ecology of human development. Experiments by nature and design.* Harvard University Press. https://khoerulanwarbk.wordpress.com/wp-content/uploads/2015/08/urie_bronfenbrenner_the_ecology_of_human_developbokos-z1.pdf

Bundesministerium für Unterricht, Kunst und Kultur. (2012). *Lehrplan der Volksschule.* https://www.ris.bka.gv.at/GeltendeFassung/Bundesnormen/10009275/Lehrpl%c3%a4ne%20der%20Volksschule%20und%20der%20Sonderschulen%2c%20Fassung%20vom%2023.12.2022.pdf

Carroll, A. B. (1991). The pyramid of corporate social responsibility: Toward the moral management of organizational stakeholders. *Business Horizons*, *34*(4), 39–48. https://doi.org/10.1016/0007-6813(91)90005-G

Celio, C. I., Durlak, J. & Dymnicki, A. (2011). A meta-analysis of the impact of service-learning on students. *Journal of Experiential Education*, *34*(2), 164–181. https://doi.org/10.1177/105382591103400205

Conway, J. M., Amel, E. L. & Gerwien, D. P. (2009). Teaching and learning in the social context: A meta-analysis of service learning's effects on academic, personal, social, and citizenship outcomes. *Teaching of Psychology*, *36*(4), 233–245. https://doi.org/10.1080/00986280903172969

Council of Europe. (2011). *A renewed EU strategy 2011–14 for corporate social responsibility.* https://www.europarl.europa.eu/meetdocs/2009_2014/documents/com/com_com(2011)0681_/com_com(2011)0681_en.pdf

Council of Europe. (2016). *Competences for democratic culture. Living together as equals in culturally diverse democratic societies.* Strasbourg: Council of Europe.

Cramer, C. Professionstheorien. Überblick, Entwicklung und Kritik. In T. Harant et al. (Hg.) 2020. *Theorien! Horizonte für die Lehrerinnen- und Lehrerbildung* (S. 111–128).

Daly, H. E. (2005). Economics in a full world. *Scientific American*, *293*(3), 100–107. https://doi.org/10.1038/scientificamerican0905-100

Dewey, J. (1927). *The public and its problems.* Athens: Ohio University Press.

Döring, N. & Bortz, J. (2016). *Forschungsmethoden und Evaluation in den Sozial- und Humanwissenschaften* (Springer-Lehrbuch, 5., vollst. überarb., akt. u. erw. Aufl. 2016). Springer. https://doi.org/10.1007/978-3-642-41089-5

Drahmann, M. & Cramer, C. (2019). Verantwortung, Berufsethos und Professionalität von Lehrpersonen. In J. Hugo, N. Brink, J. Seidemann & M. Drahmann (Hrsg.), *Verantwortung im Kontext von Schule. Perspektiven aus Wissenschaft und Praxis* (S. 17–31). Waxmann.

Duden. (2023, 7. Januar). *Verantwortung.* Duden Online. Zugegriffen am 7. Jänner 2023, von https://www.duden.de/rechtschreibung/Verantwortung#close-cite

Earth4all. (2022). *Earth4All has identified five extraordinary turnarounds needed to create wellbeing for all on a (relatively) stable planet.* https://www.earth4all.life/

O'Sullivan, E. (2002). *Expanding the boundaries of transformative learning.* Palgrave Macmillan US.

Emery, M. & Purser, R. (1996). *The search conference. A powerful method for planning and organizational change and community action.* Jossey-Bass.

Faber, K. A. (2017). Learning by doing: Service learning as a means of personal growth in the middle grades. *Current Issues in Middle Level Education, 22*(1), 1–9.

Flick, U. (2016). *Sozialforschung. Methoden und Anwendungen; ein Überblick für die BA-Studiengänge* (3. Aufl.; Rowohlts Enzyklopädie, Bd. 55702). Rowohlt Taschenbuch Verlag.

Forster-Heinzer, S. (2015). *Against all odds. An empirical study about the situative pedagogical ethos of vocational trainers.* (Unveröffentlichte Dissertation). Universität Freiburg (Schweiz).

Furco, A. (2002). Is service-learning really better than community service? A study of high school service program outcomes. In A. Furco & S. H. Billig (Hrsg.), *Service-learning. The essence of the pedagogy* (Advances in service-learning, S. 23–50). Information Age Publishing.

Geier, I. & Hasager, U. (2020). Do service learning and active-citizenship learning support our students to live a culture of democracy? *Frontiers in Education, 5.* https://doi.org/10.3389/feduc.2020.606326

Geier, I. & Hasager, U. (2023). Service-learning and active-citizenship learning to enhance environmental and societal sustainability. In I. Becker, F. Kastner, C. Schank & J. Studer (Hrsg.), *Service Learning an deutschsprachigen Hochschulen* (1. Aufl., 2023, S. 142–161). hep verlag.

Geier, I., Schober, C. & Niederreiter, H. (2018). Partizipieren bedeutet miteinander und voneinander lernen. In S. Harter-Reiter, W. Plaute & R. Schneider-Reisinger (Hrsg.), *Inklusive Hochschule. Diskursbausteine offener Hochschulbildung aus Theorie, Praxis und Forschung* (Band 4, S. 145–160). Studien Verlag.

Gifford, R. & Nilsson, A. (2014). Personal and social factors that influence pro-environmental concern and behaviour: a review. *International Journal of Psychology : Journal International De Psychologie, 49*(3), 141–157. https://doi.org/10.1002/ijop.12034

Gingrich, A., Knoll, E.-M. & Kreff, F. (2011). *Lexikon der Globalisierung* (Global Studies). transcript. https://doi.org/10.14361/transcript.9783839418222

Gregorová, A. B. & Heinzová, Z. (2019). Specifics of measuring social and personal responsibility of university students after completion of a service-learning course in Slovak conditions. *Journal of Higher Education Outreach and Engagement, 23*(3), 104–123.

Grobbauer, H. (2016). Global Citizenship Education als transformative Bildung. *ZEP: Zeitschrift für internationale Bildungsforschung und Entwicklungspädagogik, 39*(1), 18–22. https://doi.org/10.25656/01:15442

Grobbauer, H. (Hrsg.). (2017a). *Globales Lernen, Potenziale und Perspektiven. Wie viel Demokratie verträgt die Welt? Demokratie global denken* (Analysen & Impulse, Bd. 02). Dokumentation der Fachtagung Graz/Wien, 09.–10. November 2015.

Grobbauer, H. (2017b). Wie viel Demokratie verträgt die Welt? In H. Grobbauer (Hrsg.), *Globales Lernen, Potenziale und Perspektiven. Wie viel Demokratie verträgt die Welt?*

Demokratie global denken (Analysen & Impulse, Bd. 02, S. 4–5). Dokumentation der Fachtagung Graz/Wien, 09/10. November 2015. https://www.komment.at/wp-content/uploads/2020/11/AI02_TaGL15_WEB.pdf

Harder, P. (2014). *Werthaltungen und Ethos von Lehrern. Empirische Studie zu Annahmen über den „guten" Lehrer.* (Dissertation, Otto-Friedrich-Universität Bamberg). University of Bamberg Press.

Helsper, W. (2016). Lehrerprofessionalität – der strukturtheoretische Ansatz. In M. Rothland (Hrsg.), *Beruf Lehrer/Lehrerin. Ein Studienbuch* (S. 103–125). Waxmann.

Hinzke, J.-H. (2019). Verantwortung gegenüber Schülerinnen, sich selbst und der Gesellschaft. Rekonstruktionen zu einer praxeologisch-wissenssoziologischen Fassung von Verantwortungsübernahme im Berufsalltag von Lehrerinnen. In J. Hugo, N. Brink, J. Seidemann & M. Drahmann (Hrsg.), *Verantwortung im Kontext von Schule. Perspektiven aus Wissenschaft und Praxis* (S. 141–152). Waxmann.

Hoff, E. (Hrsg.). (n. d.). *Verantwortung,* Spektrum Akademischer Verlag. https://www.spektrum.de/lexikon/psychologie/verantwortung/16190

Holzman, S., Horst, S. J. & Ghant, W. A. (2017). Developing College Students' Civic- Developing College Students' Civic-Mindedness Through Service-Learning Experiences. A Mixed-Methods Study. *The Journal of Student Affairs Inquiry*, *3*(1), 1–25.

Horn, K.-P. & Adick, C. (2012). *Klinkhardt-Lexikon Erziehungswissenschaft.* (Bände 1–3; UTB, Bd. 8468). UTB. http://www.utb-studi-e-book.de/9783838584683

Hugo, J. (2019). Pädagogische Verantwortung – pädagogische Freiheit. Einblicke in den schulrechtlichen Diskurs. In J. Hugo, N. Brink, J. Seidemann & M. Drahmann (Hrsg.), *Verantwortung im Kontext von Schule. Perspektiven aus Wissenschaft und Praxis* (S. 31–53). Waxmann.

The International Organization for Standardization (ISO) and the Organisation for Economic Co-operation and Development. (2016). *ISO 26000 and OECD Guidelines. Practical overview of the linkages.* https://iso26000.info/wp-content/uploads/2017/09/ISO-26-and-OECD-Guidelines.pdf

Johnson, A. M. & Notah, D. J. (1999). Service learning: History, literature review, and a pilot study of eighth graders. *The Elementary School Journal*, *99*(5), 453–467. https://doi.org/10.1086/461935

Jonas, H. (1979). *Das Prinzip Verantwortung. Versuch einer Ethik für die technologische Zivilisation* (1. Aufl.). Insel-Verlag.

Karrenberg, F. & Schober, T. (1980). *Evangelisches Soziallexikon* (7., vollst. neu bearb. u. erw. Aufl.). Stuttgart u.a.: Kreuz-Verlag.

Kaufmann, F.-X. (1989). Über die soziale Funktion von Verantwortung und Verantwortlichkeit. In E.-J. Lampe (Hrsg.), *Verantwortlichkeit und Recht* (Jahrbuch für Rechtssoziologie und Rechtstheorie, S. 204–228). Opladen: Westdeutscher Verlag.

Kaufmann, F.-X. (1992). *Der Ruf nach Verantwortung. Risiko und Ethik in einer unüberschaubaren Welt* (Herder-Spektrum, Bd. 4138). Herder.

Kleemann, K. (2018). *Zur Genese beruflicher Verantwortung im Lehramt.* Dissertation. Friedrich-Schiller-Universität Jena. Verlag Julius Klinkhardt.

Klimke, D., Lautmann, R., Stäheli, U., Weischer, C. & Wienold, H. (Hrsg.). (2020). *Lexikon zur Soziologie* (6., überarb. und erw. Auflage). Springer VS.

Kollmuss, A. & Agyeman, J. (2002). Mind the Gap: Why do people act environmentally and what are the barriers to pro-environmental behavior? *Environmental Education Research, 8*(3), 239–260. https://doi.org/10.1080/13504620220145401

König, J. (2018). Erziehungswissenschaft und der Erwerb professioneller Kompetenz angehender Lehrkräfte. In J. Böhme, C. Cramer & C. Bressler (Hrsg.), *Erziehungswissenschaft und Lehrerbildung im Widerstreit!? Verhältnisbestimmungen, Herausforderungen und Perspektiven* (Studien zur Professionsforschung und Lehrerbildung, S. 62–81). Verlag Julius Klinkhardt.

Kopnina, H. (2014). Education for sustainable development (ESD) as if environment really mattered. *Environmental Development, 12*, 37–46. https://www.academia.edu/es/8852395/Education_for_sustainable_development_ESD_as_if_environment_really_mattered

Körükcü, M. & Tangülü, Z. (2021). Individual and global social responsibility levels of social studies pre-service teachers in terms of different variables. *International Journal of Evaluation and Research in Education, 10*(3), 1008–1020. https://doi.org/10.11591/ijere.v10i3.20552

Kuckartz, U. (2018). Qualitative Inhaltsanalyse. Am Beispiel einer Studie zu Klimabewusstsein und individuellem Verhalten. In L. Akremi, N. Baur., H. Knoblauch & B. Traue (Hrsg.) *Handbuch Interpretativ forschen.* (S. 506–534). Beltz Juventa,

Kuckartz, U. & Rädiker, S. (2019). Datenaufbereitung und Datenbereinigung in der qualitativen Sozialforschung. In N. Baur & J. Blasius (Hrsg.) *Handbuch Methoden der empirischen Sozialforschung* (Band 1. S. 501–516). Springer VS.

Kuckartz, U. & Rädiker, S. (2020). *Fokussierte Interviewanalyse mit MAXQDA. Schritt für Schritt* (1. Auflage). Springer Fachmedien Wiesbaden. https://doi.org/10.1007/978-3-658-31468-2

Kuhl, J., Schwer, C. & Solzbacher, C. (2014). Professionelle pädagogische Haltung. Versuch einer Definition des Begriffes und ausgewählte Konsequenzen für Haltung. In C. Schwer & C. Solzbacher (Hrsg.), *Professionelle pädagogische Haltung. Historische, theoretische und empirische Zugänge zu einem viel strapazierten Begriff* (S. 107–122). Verlag Julius Klinkhardt.

Lang-Wojtasik, G., Schieferdecker, R., Klemm, U., Bastian, T., Scheunpflug, A., Bergmüller, C. et al. (Hrsg.). (2019). *Bildung für eine Welt in Transformation. Global Citizenship Education als Chance für die Weltgesellschaft* (1. Auflage). Verlag Barbara Budrich.

Lenk, H. & Maring, M. (1992). Deskriptive und normative Zuschreibungen von Verantwortung. In H. Lenk (Hrsg.), *Zwischen Wissenschaft und Ethik* (Suhrkamp-Taschenbuch Wissenschaft, Bd. 980, 1. Aufl., S. 76–100). Suhrkamp.

Lincoln, Y. S. & Guba, E. G. (1985). *Naturalistic inquiry.* Newbury Park: Sage Publications.

Melchior, A. & Orr, L. (1995). *Final report: National Evaluation of Serve America.* Corporation for National and Community Service.

Mezirow, J. (1997). *Transformative Erwachsenenbildung* (Grundlagen der Berufs- und Erwachsenenbildung, Bd. 10). Schneider Verlag. Hohengehren.

Mezirow, J. (2003). Transformative learning as discourse. *Journal of Transformative Education, 1*(1), 58–63. https://doi.org/10.1177/1541344603252172

Mitchell, T. D. (2007). Critical service-learning as social justice education: A case study of the Citizen Scholars Program. *Equity & Excellence in Education, 40*(2), 101–112. https://doi.org/10.1080/10665680701228797

Mochizuki, Y. (2019). Rethinking schooling for the 21st century: UNESCO-MGIEP's contribution to SDG 4.7. *Sustainability: The Journal of Record, 12*(2), 88–92. https://doi.org/10.1089/sus.2019.29160

Nakamura, M. & Watanabe-Muraoka, A. M. (2006). Global social responsibility: Developing a scale for senior high school students in Japan. *International Journal for the Advancement of Counselling, 28*(3), 213–226. https://doi.org/10.1007/s10447-005-9007-9

Nieskens, B. (2016). Der Arbeitsplatz Schule. In M. Rothland (Hrsg.), *Beruf Lehrer/Lehrerin. Ein Studienbuch* (utb Schulpädagogik, S. 33–48). Waxmann.

Novy, A., Bärnthaler, R. & Heimerl, V. (2020). *Zukunftsfähiges Wirtschaften* (Arbeitsgesellschaft im Wandel, 1. Auflage). Beltz Juventa. http://www.content-select.com/index.php?id=bib_view&ean=9783779954446

Olsen, S. K., Miller, B. G., Eitel, K. B. & Cohn, T. C. (2020). Assessing teachers' environmental citizenship based on an adventure learning workshop: A case study from a social-ecological systems perspective. *Journal of Science Teacher Education, 31*(8), 869–893. https://doi.org/10.1080/1046560X.2020.1771039

Organization for Economic Co-operation and Development. (2016). *The Education 2030 conceptual learning framework as a tool to build common understanding of complex concepts.* https://one.oecd.org/document/EDU/EDPC(2018)9/ANN2/en/pdf

Pädagogische Hochschule Zug. (2020). *Professionsstandards.* https://www.zg.ch/behoerden/direktion-fur-bildung-und-kultur/phzg/ausbildung/studium/ausbildungsstandards/professionsstandards/Professionsstandards_web.pdf/download

Prechtl, P. & Burkard, F.-P. (Hrsg.). (2015). *Metzler Lexikon Philosophie. Begriffe und Definitionen* (3., erw. und aktualisierte Aufl.). Metzler.

Rädiker, S. & Kuckartz, U. (2019). *Analyse qualitativer Daten mit MAXQDA. Text, Audio und Video* (Lehrbuch). Springer VS.

Reinhold, G., Recker, H. & Lamnek, S. (2017). *Soziologie-Lexikon* (4. Aufl.). Oldenbourg Wissenschaftsverlag. https://doi.org/10.1515/9783486804362

Roessler, I., Cort-Denis Hachmeister, D.-D. Duong, S. (2016). *Welche Missionen haben Hochschulen? Third Mission als Leitung der Fachhochschulen für die und mit der Gesellschaft.* https://doi.org/10.13140/RG.2.1.4583.9765

Scales, P. C., Blyth, D. A., Berkas, T. H. & Kielsmeier, J. C. (2000). The effects of service-learning on middle school students' social responsibility and academic success. *The Journal of Early Adolescence, 20*(3), 332–358. https://doi.org/10.1177/0272431600020003004

Schaub, H. & Zenke, K. G. (2007). *Wörterbuch Pädagogik* (dtv, Bd. 34346, Orig.-Ausg., grundlegend überarb., aktualisierte und erw. Neuausg). Deutcher Taschenbuch Verlag. http://www.socialnet.de/rezensionen/isbn.php?isbn=978-3-423-34346-6

Schmidt, I. (2021). *Die Kraft der Verantwortung. Über eine Haltung mit Zukunft* (1. Aufl.). Edition Körber.

Schneidewind, U. & Singer-Brodowski, M. (2013). *Transformative Wissenschaft. Klimawandel im deutschen Wissenschafts- und Hochschulsystem.* Metropolis-Verlag.

Schou, L., Høstrup, H., Lyngsø, E. E., Larsen, S. & Poulsen, I. (2012). Validation of a new assessment tool for qualitative research articles. *Journal of Advanced Nursing, 68*(9), 2086–2094. https://doi.org/10.1111/j.1365-2648.2011.05898.x

Schreier, M. (2014). Ways of doing qualitative content analysis: Disentangling terms and terminologies. *Forum qualitative Sozialforschung, 15*(1). https://doi.org/10.17169/fqs-15.1.2043

Schulz, M., Mack, B. & Renn, O. (Hrsg.). (2012). *Fokusgruppen in der empirischen Sozialwissenschaft. Von der Konzeption bis zur Auswertung.* Springer VS.

Sengupta, E., Blessinger, P. & Mahoney, C. (Hrsg.). (2020). *Civil society and social responsibility in higher education. International perspectives on curriculum and teaching development* (Innovations in higher education teaching and learning, Band 21). Emerald Publishing. https://ebookcentral.proquest.com/lib/kxp/detail.action?docID=6227233

Seubert, H. (2021). *Heidegger-Lexikon* (UTB Philosophie, Bd. 5411). Wilhelm Fink.

Sliwka, A. (2004). Service Learning: Verantwortung lernen in Schule und Gemeinde. Berlin : BLK 2004, 36 S. - (Beiträge zur Demokratiepädagogik) - URN: urn:nbn:de:0111-opus-2585 - DOI: 10.25656/01:258

Sombetzki, J. (2014). *Verantwortung als Begriff, Fähigkeit, Aufgabe.* Springer Fachmedien Wiesbaden. https://doi.org/10.1007/978-3-658-04250-9

Tenorth, H.-E. & Tippelt, R. (2007). *Beltz Lexikon Pädagogik.* Beltz.

UNESCO. (2022). *Where do we stand on education for sustainable development and global citizenship education:. Findings of the 7th Consultation on the implementation of the 1974 Recommendation concerning education for international understanding, cooperation and peace and education relating to human rights and fundamental freedoms.* UNESCO. https://unesdoc.unesco.org/ark:/48223/pf0000381362.locale=en

United Nations. (2015). *Transforming our world: the 2030 agenda for sustainable development.* https://doi.org/10.1002/9781119541851.app1

VENRO – Verband Entwicklungspolitik deutscher Nichtregierungsorganisationen. (2014). *Diskussionspapier Globales Lernen.* https://venro.org/fileadmin/user_upload/Dateien/Daten/Publikationen/Diskussionspapiere/2014-Diskussionspapier_Globales_Lernen.pdf

Weiler, D., LaGoy, A., Crane, E. & Rovner, A. (1998). *An evaluation of K- 12 service-learning in California: Phase II final report.* The Search Institute.

Weiss, E. B. (1992, 1989). *In fairness to future generations. International law, common patrimony, and intergenerational equity* (Innovation in international law). United Nations University.

Werner, H. J. (2002). *Moral und Erziehung in der pluralistischen Gesellschaft.* Darmstadt: WBG – Wissenschaftliche Buchgesellschaft. https://content-select.com/portal/media/view/54dc8f20-7564-4a94-9c4a-5187b0dd2d03

Wienold, H., Fuchs-Heinritz, W., Lautmann, R. & Rammstedt, O. (2013). *Lexikon zur Soziologie.* VS Verlag für Sozialwissenschaften.

Wiesner, C. & Prieler, T. (2020). Das transformative Lernen in der LehrerInnenbildung. Pädagogische Professionalität und Entwicklung des Lehrerhabitus. *R&E-SOURCE.* https://journal.ph-noe.ac.at/index.php/resource/article/view/823

Wintersteiner, W. (2021). *Die Welt neu denken lernen – Plädoyer für eine planetare politik. Lehren aus Corona und anderen existentiellen Krisen* (Edition Politik Serie, Bd. 119). Transcript Verlag.

Wintersteiner, W., Grobbauer, H., Diendorfer, G. & Reitmair-Juárez, S. (2015). *Global Citizenship Education. Politische Bildung für die Weltgesellschaft* (2. Auflage). Zentrum für Friedensforschung und Friedenspädagogik.

Wittwer, H. & Kreß, H. (n. d.). Verantwortung. *Theologische Realenzyklopädie Online*. Zugegriffen am 21. Juli 2021, von https://www.degruyter.com/document/database/TRE/entry/tre.34_574_9/html

Yorio, P. L. & Ye, F. (2012). A meta-analysis on the effects of service-learning on the social, personal, and cognitive outcomes of learning. *Academy of Management Learning & Education, 11*(1), 9–27. https://doi.org/10.5465/amle.2010.0072

Young, I. M. (2010). *Responsibility for justice* (Oxford political philosophy, First issued as an Oxford University Press paperback). Oxford University Press.

Zlatkin-Troitschanskaia, O., Kuhn, C. & Brückner, S. (2013). Professionelle Lehrer. Was zeichnet sie aus? *Schulmagazin 5–10*, 4, 7–13.

Kolibri 360 GmbH
Ferdinand-Jühlke-Straße 7
99095 Erfurt, Deutschland
produktsicherheit@kolibri360.de